HANDBOOK OF CHEMICAL PRODUCTS

化工产品手册 第六版

混凝土外加剂

王子明 主编

化学工业出版社

·北京·

“化工产品手册”第六版新增加分册。主要介绍的混凝土外加剂产品可分为三类：第一类是纯化学物质，如硫酸钠、羧甲基纤维素等，这类化学物质都有登记号[CAS]，其组成、性质、质量标准、制法、用途，安全性等都比较确定；第二类是聚合物或缩合物，如萘磺酸盐甲醛缩合物、聚羧酸系高性能减水剂等，其化学组成确定，但属于有一定分子量分布的高分子材料，这类物质一般无登记号[CAS]，但有国家、行业或地方企业标准，其性质、质量标准、制法、用途和安全性也确定，需表明引用标准号等；第三类属于混合物（例如防水剂等），或者是商品名称，如AE系列原油降黏剂，其组成可写“非离子表面活性剂的复配物”，其他信息尽量齐全。可供水泥混凝土生产、施工、销售、教学及科研人员参考。

图书在版编目（CIP）数据

化工产品手册．混凝土外加剂/王子明主编．—6版．北京：化学工业出版社，2016.5（2022.3重印）
ISBN 978-7-122-26562-3

Ⅰ.①化… Ⅱ.①王… Ⅲ.①水泥外加剂-手册 Ⅳ.①TU528.042-62

中国版本图书馆CIP数据核字（2016）第055958号

责任编辑：夏叶清　　装帧设计：尹琳琳
责任校对：宋　玮

出版发行：化学工业出版社（北京市东城区青年湖南街13号　邮政编码100011）
印　　装：北京七彩京通数码快印有限公司
880mm×1230mm　1/32　印张7¼　字数329千字　2022年3月北京第6版第3次印刷

购书咨询：010-64518888　　售后服务：010-64518899
网　　址：http://www.cip.com.cn
凡购买本书，如有缺损质量问题，本社销售中心负责调换。

定　　价：48.00元

前言

混凝土外加剂是一种在混凝土搅拌之前或拌制过程中加入的、用以改善新拌混凝土和（或）硬化混凝土性能的材料，通常简称外加剂(GB/T 8075—2005)。混凝土外加剂的应用已经有80多年的历史了，目前应用已经相当广泛，是优质现代混凝土和高性能混凝土不可缺少的重要组分，被称为混凝土的第五组分。工业发达国家混凝土中50%～90%掺有各种外加剂，我国掺加外加剂的混凝土也达到50%左右。

混凝土外加剂品种多样，功能各异。按照功能，混凝土外加剂分为四大类：①改善混凝土拌和物流变性能的外加剂，包括各种减水剂和泵送剂等；②调节混凝土凝结时间、硬化性能的外加剂，包括早强剂、缓凝剂、促凝剂和速凝剂等；③改善混凝土耐久性的外加剂，包括引气剂、防水剂、阻锈剂和矿物外加剂等；④改善混凝土其他性能的外加剂，包括膨胀剂、减缩剂、防冻剂、着色剂等。可见，混凝土所有的性能几乎都可以通过掺加外加剂得以调节或者改善，掺加混凝土外加剂几乎是一种无所不能的技术措施。这也是混凝土外加剂行业得以不断发展的原因。

近些年来，混凝土外加剂生产和应用技术取得了快速发展，混凝土外加剂已经成为了一个快速发展的产业。目前，全世界混凝土化学外加剂的产值约为800亿～1000亿元人民币，中国混凝土化学外加剂行业的产值已经达到300亿～500亿元人民币。

本书由王子明教授和毛倩瑾副教授负责编写。王子明负责减水剂、引气剂、速凝剂、早强剂和缓凝剂部分，毛倩瑾负责防冻剂、膨胀剂、防水剂、阻锈剂、减缩剂和加气剂部分资料整理和编写。在编写过程中，得到北京工业大学材料学院生态建材教研室的各位老师和研究生的帮助，在此表示真诚感谢！

感谢在本书编写过程中给予帮助的所有行业同仁！

编　者

目录

A 减 水 剂

B 引 气 剂

C 早 强 剂

D 缓凝剂

E 防 冻 剂

F 速 凝 剂

G 膨胀剂

H 防水剂

I 阻 锈 剂

J 减 缩 剂

K 加 气 剂

参考文献

产品名称中文索引

产品名称英文索引

A 减水剂

一、术语

普通减水剂（water reducing admixture，water reducer）

高效减水剂（high range water reducer，high range water reducing admixture）

早强减水剂（hardening accelerating and water reducing admixture）

缓凝减水剂（setting retarding and water reducing admixture）

缓凝高效减水剂（setting retarding superplasticizer）

引气减水剂（air entraining and water reducing admixture）

高性能减水剂（high performance water reducer）

二、定义

普通减水剂：混凝土减水剂是指在混凝土坍落度基本相同的条件下，能减少拌和用水量的外加剂。普通减水剂（water reducer）是指具有一定的减水作用，同时具有一定的缓凝和引气作用的外加剂，其减水率一般在8%～12%范围内。由于普通减水剂具有缓凝和引气特性，所以使用时掺量应该严格限制，一般用量为不超过胶凝材料用量的0.3%，适宜用量范围为0.2%～0.3%，超量使用会引起混凝土的凝结时间过长，甚至造成不凝，导致混凝土强度显著降低。

高效减水剂：是指在混凝土坍落度基本相同的条件下，能大幅度减少拌合用水量的外加剂。美国混凝土协会对减水剂的定义是在用水量不变时，能提高新拌砂浆或混凝土坍落度，或者保持同样坍落度能够减少水用量的外加剂，这种减水不是由于引气作用产生的。而高效减水剂是指能大幅度提高新拌砂浆或混凝土流动性，或者大幅度减少用水量，同时不会过量引气和不引起新拌砂浆或者混凝土不正常凝结的外加剂。高效减水剂的减水率在12%～25%范围内；高效减水剂没有显著地缓凝和引气作用，即使超量使用也不至于导致混凝土的过度缓凝和强度降低。一般高效减水剂的推荐掺量在胶凝材料质量的0.5%～1.0%（折固）范围内。

早强减水剂：兼具早强和减水功能的外加剂。

缓凝减水剂：兼具缓凝和减水功能的外加剂。

缓凝高效减水剂：兼具缓凝功能和高效减水功能的外加剂。

引气减水剂：兼具引气和减水功能的外加剂。

高性能减水剂：是指比高效减水剂具有更高减水率、更好坍落度保持性能、较小干燥收缩，且具有一定引气性能的减水剂。高性能减水剂的减水率大于25%。聚羧酸系高性能减水剂的用量为胶凝材料质量的0.1%～0.4%（折固），减水率一般可以达到40%左右。有些特殊高性能减水剂的减水率可以达到60%。

三、简介

减水剂无疑是所有混凝土外加剂产品中最重要和应用最广泛的品种。混凝土技术的进步离不开化学外加剂，而化学外加剂技术的进步主要依靠不断发展的新品种减水剂。从20世纪30年代的木质素磺酸盐减水剂，到20世纪60年代的萘系和三聚氰胺系高效减水剂，直到现在使用的聚羧酸系高性能减水剂，减水剂从第一代产品发展到第三代产品，混凝土生产和施工技术从粗放式发展到今天的计算机自动控制生产和机械化运输浇筑。

借助混凝土减水剂的奇妙作用，混凝土浇筑时现在一次性垂直泵送高度达到600m，甚至可以达到1000m泵送高度。高效减水剂也是制备先进水泥基材料的关键材料和重要的技术手段。采用高效减水剂能够生产出抗压强度达到120～150MPa的超高强混凝土，远远高出水泥的强度标号，同时保证混凝土具有良好的施工性能。世界上很多著名的高层建筑，如迪拜哈利法塔和马来西亚吉隆坡石油双塔（Petronas Twin Towers），以及世界上最深的钻井平台——挪威山妖（Troll）石油钻井平台都是混凝土材料建造的。采用高效减水剂和活性微粉材料能够制造出抗压强度达到 200～800MPa 的活性粉末混凝土（reactive powder concrete，RPC）。高效减水剂不仅能显著提高混凝土的力学性能，还能大幅度提高混凝土的抗渗性，改善混凝土材料的耐久性能。依托于高效减水剂的发展和应用，各种混凝土材料和现代化的施工技术得到了迅速发展，如自密实免振混凝土、水下不离散混凝土、流态混凝土和泵送混凝土等。日本著名的水泥混凝土专家内川浩博士等认为，在混凝土高性能化过程中，化学外加剂对混凝土高性能化所起的作用是不可代替的，化学外加剂是制造现代混凝土的必备材料，也是混凝土材料向高科技领域发展的关键材料和技术。

现在，混凝土减水剂的品种不断增加，已经发展成一个品种齐全的减水剂家族，主要包括木质素磺酸盐减水剂、萘系高效减水剂、三聚氰胺系高效减水剂、氨基磺酸盐高效减水剂、脂肪族磺酸盐高效减水剂和聚羧酸系高性能减水剂。基本满足了我国经济建设对混凝土减水剂的要求，改变了我国以前主要依靠萘系减水剂的局面。

1. 木质素磺酸盐减水剂

木质素是地球上资源丰富的天然聚合物，又是一种非常重要的可再生资源。随着世界资源危机日趋严重和对生态环境要求日益提高，木质素及其衍生物由于具有原料来源丰富、价格便宜、无毒、分子结构多样化且易于进行化学改性等特点，其研究与应用日益受到国内外广泛重视。

木质素作为一种可再生的天然高分子化合物，其开发和利用正日益受到全世界范围内学者们的广泛关注。目前，木质素作为木材水解工业和造纸工业的副产品，还没有得到充分的利用，对环境造成很大的负荷。据联合国环境组织估计，全世界每年可产生 3000 万吨工业木质素，目前只有 6% 的工业木质素（主要是木质素磺酸盐）被利用。

木质素是植物纤维原料的另一种主要组分（其他主要化学组成为纤维素、半纤维），它大部分存在于胞间层中，散布在纤维的四周，使纤维相互黏合而固结，纤维与纤维互相聚集而成植物。木质素分子结构复杂，含有多种官能团和化学键，故其反应能力相当强。在植物原料进行蒸煮脱木素时，处理方法不同，脱木素的机理及产物也不同。用氢氧化钠溶液处理得到的叫“碱木素”；用硫化钠、硫酸盐法处理得到的为“硫酸盐木素”（含硫化木素）；而用亚硫酸盐法处理得到的就是“木质素磺酸盐”，其主体反应为丙苯基在亚硫酸盐制浆条件下被磺化，磺酸基取代 α 位的羟基，形成水溶性的磺酸盐，如式(1-1) 所示。其分子量范围在 20000～50000，性质属于阴离子型表面活性剂，具有一定的减水功能，可作为水泥混凝土减水剂使用。

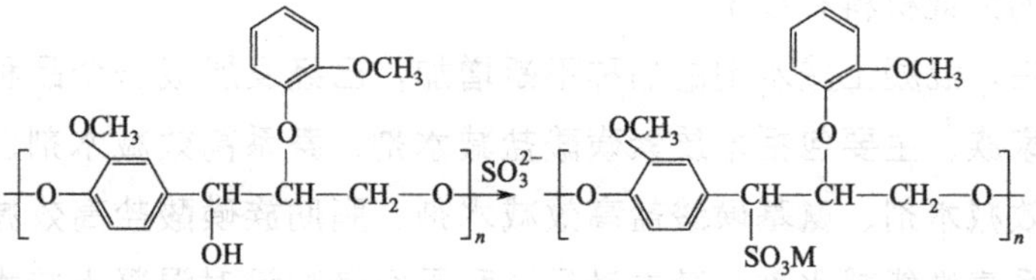

(1-1)

式中，M 为 Na^+、Ca^{2+}、Mg^{2+}、NH_4^+、K^+ 等。

在混凝土技术发展进程中，高效减水剂的发明和应用被公认为是继钢筋混凝土和预应力钢筋混凝土技术之后混凝土技术领域的第三次技术飞跃（3rd technology breakthrough）。近年来混凝土材料性能大幅度的提高和建筑施工技术的迅速发展主要依赖于化学外加剂性能的提高，特别是高效减水剂（超塑化剂）性能的提高和应用的普及。高效减水剂已经大量地应用于各种混凝土和钢筋混凝土结构工程，特别是水电大坝、交通运输、桥梁隧道、民用建筑、地下建筑和海港码头等国家重要工程，以混凝土高效减水剂为代表的化学外加剂已经成为混凝土的第五种重要组分，更是高性能混凝土制造所不可或缺的材料。高性能混凝土已经被公认是 21 世纪的建筑材料，而高效减水剂是制备施工性能好、强度高并且耐久性好的高性能混凝土不可缺少的组分。

2. 萘系高效减水剂

萘系高效减水剂的主要成分为萘磺酸甲醛缩合物钠盐，是一种应用非常广泛的高效减水剂。自 20 世纪 60 年代初期由日本花王公司开发成功后，首先在日本山阳铁路新干线工程中获得成功应用。由于萘系减水剂具有减水率较高、对混凝土的凝结时间影响小、引气性低等特点，因此 20 世纪 70 年代后期迅速在世界各地开始生产应用，引起了水泥混凝土技术的飞跃式发展。此后，萘系减水剂不断取得新发展，主要表现在三个方面：①通过将高效减水剂与早强剂或者缓凝剂复配，衍生出具有多种功能的复合高效减水剂；②萘系减水剂在各种混凝土中应用技术的发展；③在利用工业副产品或废料方面研究不断取得进展，制得了性价比较好的各种减水剂。20 世纪 70 年代中后期，我国对用煤焦油的分馏物合成高效减水剂进行了大量的研制、开发工作，陆续研制成功了以甲基萘、蒽油、洗油为原料的焦油系列的其他高效减水剂。

目前萘系减水剂合成工艺比较成熟，但国内产品与花王等国外产品性能还有差距，特别是在硫酸钠含量、氯离子含量和与水泥的相容性等方面还存在明显差距。因萘系减水剂价格相对便宜，与各种外加剂复合性能好，目前在配制各种预拌混凝土和预制混凝土时仍然广泛使用。

3. 三聚氰胺系高效减水剂

三聚氰胺系高效减水剂或称蜜胺系减水剂（简称 PMS，或者 SM、SMF），其主要成分是磺化三聚氰胺甲醛缩合物，是常用的水泥混凝土高效减水剂品种之一。三聚氰胺系高效减水剂是由德国的 Aignesberger 博士于 1962 年初期研制成功的。它是由三聚氰胺、甲醛及亚硫酸氢钠等原料经一系列反应得到的具有一定分子量的缩合物。缩合物分子中有—SO_3^- 基团、氨基和羟基等官能团，因此该缩合物是一种典型的阴离子高分子表面活性。而且随着磺化基团的连接方式、磺化程度、分子链长短的不同以及配比的不同，其性能不同。其代表性产品有德国的 Melment、日本的 NL-4000 和我国的 SM 等。三聚氰胺系减水剂温度高或加热时容易分解，但低温保存不会析出，也不会改变性质。

三聚氰胺系高效减水剂具有显著的减水、增强效果及改善硬化后混凝土的耐久性等特点；几乎无缓凝作用、引气性小，对水泥品种适应性较强，和其他外加剂的相容性好，可一起使用或复配成多功能复合外加剂使用；此类减水剂性能与萘系接近，而且耐高温性能比萘系要好，可用于耐热、耐火混凝土，适合于蒸汽养护工艺的混凝土制品。

三聚氰胺系高效减水剂自在德国问世以后至今，经过不断改进和推广应用，至今已经过了 40 多年的发展历程。在国内外一些大型、重点及特殊建设项目工程的应用中取得了良好的效果。但世界范围内用量远不及萘系减水剂大，即使在德国本土，三聚氰胺系高效减水剂的用量也与萘系有较大差距，原因之一是这类产品的成本较高，原材料供应不及萘系方便，限制了其使用范围。近年来德国巴斯夫（BASF）公司、拜耳（BAYER）公司等仍有人对这类减水剂的合成改性进行研究，以求提高浓度，降低成本，改善性能等。也有报道从缩合物的主链结构及亚氨基的活泼氢取代来进行化学改性，这种树脂类减水剂的基本合成工艺也有待进一步研究，以保证所合成的树脂有适当的分子量，并能在较长的时间内保持液体黏度的稳定。

三聚氰胺高效减水剂在我国混凝土建筑工程中应用不像萘系高效减水剂那样广泛，除了由于我国三聚氰胺原料价格和供应问题之外，三聚氰胺减水剂生产条件要求严格、制备工艺研究不足和使用单位对三聚氰胺高效减水剂性能特点不了解也是影响其在工程中应用的重要原因。

近年来，随着建筑工程对混凝土质量要求的提高，对三聚氰胺高效减水剂制备工艺和性能进行改性研究又成为研究的重要内容，其目的是克服三聚氰胺高效减水剂原有的诸如坍落度损失快、储存时间短等缺点，发挥其强度发展快、引气量小、混凝土制品表面光亮等优点，取得了不少好的成果。

4. 氨基磺酸盐高效减水剂

氨基磺酸盐高效减水剂也属于阴离子型高分子表面活性剂，于 20 世纪 80 年代末在日本得到开发和应用。氨基磺酸盐高效减水剂分子结构中含有磺酸基、羟基等官能团。氨基磺酸系、萘系、三聚氰胺系等减水剂分子结构中都含有磺酸基团，同属于磺酸类的减水剂，但从掺量、减水分散效果及水泥浆体流动性保持方面来看，氨基磺酸系减水剂性能好于萘系和三聚氰胺系高效减水剂，适合于配制高强流态混凝土、自密实混凝土等。氨基磺酸系高效减水剂生产工艺简单，是国内外当前广泛应用的主要高效减水剂之一。据资料报道，目前在日本氨基磺酸盐高效减水剂占日本外加剂用量的7%。

最初的氨基磺酸系高效减水剂是芳香族磺酸盐和甲醛缩合物，或酚类化合物与甲醛的缩合物。Tucker 首先使用了芳香族磺酸与甲醛的缩合物作为水泥分散剂。Dietezatal 等用萘酚磺酸与甲醛的缩合物来减少用湿法工艺生产新拌砂浆中的用水量。Sellet 等研制出了用苯乙烯烷基化苯酚制备芳烷基苯酚的方法，并将其用在混凝土中作为分散剂。1984年，Papalos 发现用苯乙烯酚的磺化物与甲醛的缩合物作为水泥分散剂和混凝土高效减水剂，可以大幅度降低黏度，发明了芳烷基苯酚磺酸或芳基苯酚磺酸与甲醛的缩合物，将芳基苯酚磺酸或芳烷基苯酚磺酸与芳基磺酸及甲醛的缩合物用作水泥分散剂。从此开始了氨基磺酸系高效减水剂的研究和广泛应用。

日本专利 JP A 01 113419 中介绍用氨基芳基磺酸和苯酚与甲醛缩合制备的水泥分散剂，发现了它不但有较强的分散能力，同时其混凝土坍落度保持性能比传统的水泥分散剂明显提高。T. Furuhashi 曾经制备了类似的水泥分散剂，可以在不增加用水量的情况下大大提高混凝土的坍落度，同时可以在较长一段时间内运输而不损失坍落度。M. Kawamura 使用双酚化合物和烷基氨基苯磺酸与甲醛的缩合物作为水泥混凝土高效减水剂，用在砂浆时减水率可达35%，流动性保持超过1h。H. Ishitoku 等用苯酚和对氨基苯磺酸与甲醛缩合产物作水泥分散剂。这些水泥分散剂都具有高减水率和高流动度，并能控制混凝土坍落度损失。

5. 脂肪族磺酸盐高效减水剂

德国斯卡维（SKW）公司的 J. Plank 博士发明脂肪族磺酸盐高效减

水剂（1981 年），其主要成分是脂肪族磺酸盐缩合物，也称磺化丙酮甲醛缩聚物，由丙酮、甲醛、亚硫酸盐等经磺化缩聚而得的一种脂肪族羟基磺酸盐缩合物，其分子量约在 4000～10000 范围内。起初它是针对深井固井作业的需要而研制的油井水泥高温分散减阻剂，由于其优良的减水效果，能明显地改善并保持水泥的流变性，水泥浆具有良好的和易性的同时，增强效果明显，并且具有良好的耐高温和抗盐能力，适用于深井、超深井和盐水井的固井作业，因而在钻井行业迅速取代了萘系磺酸盐减水剂。

近年来磺化丙酮甲醛缩聚物作为混凝土减水剂也逐渐为人们所重视。脂肪族磺酸盐减水剂不但具有良好的分散效果和明显的增强特性，与萘系磺酸盐减水剂相比还具有耐高温特性和较好的保塑效果，对不同水泥的适应性好于萘系磺酸盐减水剂。作为液体产品应用于商品混凝土中，因其硫酸盐含量很低，所以避免了硫酸钠因低温结晶而引起的堵管现象。脂肪族高效减水剂不显著降低水的表面张力，属于非引气性高效减水剂；存在的主要问题是引起新拌混凝土颜色变化，但混凝土硬化后颜色消失。

由于脂肪族磺酸盐减水剂原材料来源广、减水率高、与水泥适应性好，生产工艺简单、周期短，常压反应、无三废排放，生产和使用过程对环境无污染，生产脂肪族磺酸盐减水剂的能耗低，综合成本低于萘系减水剂，与萘系高效减水剂相比，具有较好的性能价格比，因此受到外加剂生产和使用单位的关注，对其生产工艺和应用性能方面的研究也越来越活跃。目前国内生产脂肪族减水剂的厂家很多，用量也比较大。

聚羧酸系高性能减水剂是一系列具有特定分子结构和性能聚合物的总称，一般是将不同单体通过自由基反应聚合得到的。要得到具有优良性质的高性能减水剂，需要选择适当的原材料单体和单体配比，并采用适宜的聚合工艺。

聚羧酸系减水剂是线形主链连接多个支链的梳形共聚物，疏水性的分子主链段含有羧酸基、磺酸基、氨基等亲水基团，侧链是亲水性的不同聚合度聚氧乙烯链段。聚羧酸系减水剂的化学结构如图 1-1 所示，实际代表物的化学式只是其中某些部分的组合，其中 M_1、M_2 分别代表 H、碱金属离子；M_3 代表 H、碱金属离子、铵离子、有机铵。

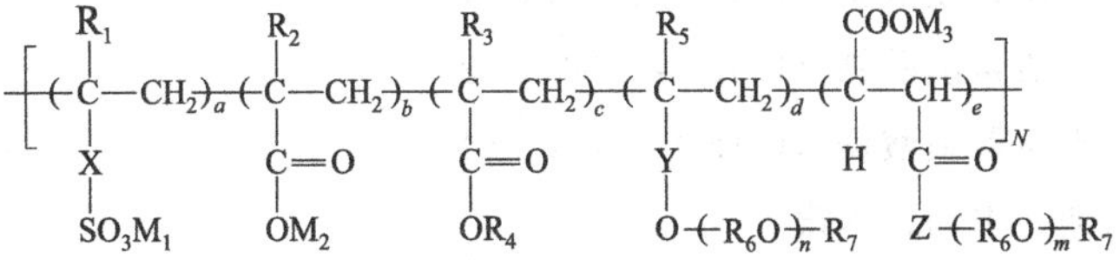

图 1-1 聚羧酸系减水剂的化学结构

X= —CH_2—、——；Y= —CH_2—、—C═O；Z=O、—NH—；

R_4= —CH_3、—C_2H_5、—CH(OH)—CH_3、—H_2C—CH(OH)—CH_3；

R_1、R_2、R_3、R_5= —H、—CH_3；R_6= —CH_2—CH_2—、—HC(CH_3)—CH_2—；R_7= C_1～C_4、—H

A001 木质素磺酸盐（钠、钙、镁）减水剂

【产品名】 木质素磺酸钠（CAS 号：8061-51-6）

木质素磺酸钙（CAS 号：8061-52-7）

木质素磺酸镁（CAS 号：8061-54-9）

【别名】 木钠；木钙；木镁

【英文名】 sodium lignosulphonate；calcium lignosulphonate；magnesium lignosulphonate

【结构式或组成】 $C_{20}H_{24}Na_2O_{10}S_2$；$C_{20}H_{24}CaO_{10}S_2$；$C_{20}H_{24}MgO_{10}S_2$

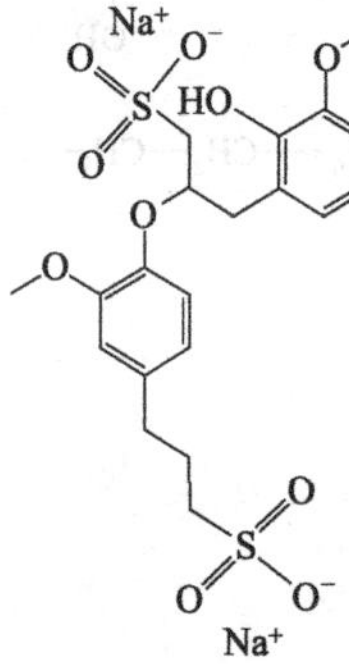

【物化性质】 木质素磺酸的钠盐是一类天然高分子聚合物，属于阴离子型表面活性剂。粉状产品外观呈浅黄色至深棕色，具有分散和润湿作用。根据其分子量和官能团的不同而具有不同程度的分散性，能吸附在各种固体质点的表面上，可进行金属离子交换作用，结构上存在活性基，因而能产生缩合作用或与其他化合物发生氢键作用。在工业上，木质素磺酸盐广泛地用作分散剂和润湿剂。一般为自由流动性粉末，易溶于水，化学性质稳定，长期密封储存不分解。木质素磺酸钠物化指标见表 1-1，木质素磺酸钙物化指标见表 1-2，木质素磺酸镁物化指标见表 1-3。

表 1-1　木质素磺酸钠物化指标

项目	木质素磺酸钠含量	还原物含量	水不溶物含量	pH 值	水分含量	硫酸盐含量	钙镁含量
指标	＞55%	≤4%	≤0.4%	9～9.5	≤7%	≤7%	≤0.6%

【质量标准】 GB 8076—2008，GB/T 8077—2012。木质素磺酸盐减水剂质量指标见表 1-4。

表 1-2 木质素磺酸钙物化指标

项目	木质素磺酸钙含量	还原物含量	水不溶物含量	pH 值	水分含量	砂浆含气量	砂浆流动度
指标	>55%	<12%	<2%～5%	4～6	<9%	<15%	(185±5)mm

表 1-3 木质素磺酸镁物化指标

项目	木质素磺酸镁含量	还原物含量	水不溶物含量	pH 值	水分含量	表面张力	砂浆流动度
指标	>50%	≤10%	≤1%	6	≤3%	52.16×10^{-3}N/m	较空白大，60cm

表 1-4 木质素磺酸盐减水剂质量指标

项目			指标
减水率/%	≥		8
泌水率比/%	≤		100
含气量/%	≤		4.0
凝结时间之差/min		初凝	−90～+90
		终凝	
抗压强度比	≥	3d	115
		7d	115
		28d	110
收缩率比/%	≤	28d	135

【用途】 用作水泥混凝土减水剂具有如下作用。

① 改善混凝土性能。当水泥用量相同时，坍落度与空白混凝土相近，可减少用水量 10%左右，28d 强度提高 10%～20%，一年强度提高 10%左右，同时抗渗、抗冻、耐久性能也明显提高。

② 节约水泥。当混凝土的强度和坍落度相近时，可节省 5%～10%。

③ 改善混凝土的和易性。当混凝土的水泥用量和用水量不变时，低塑性混凝土的坍落度可增大两倍左右，早期强度比未掺者低，其他各龄期的抗压强度与未掺者接近。

④ 有缓凝作用。掺入胶凝材料用量 0.25%的木钙减水剂后，在保持混凝土坍落度基本一致时，初凝时间延缓 1～2h（普通水泥）及 2～3h（矿渣水泥），终凝时间延缓 2h（普通水泥）及 2～3h（矿渣水泥）。若不减少用水量而增大坍落度时，或保持相同坍落度而用于节省水泥用量时，则凝结时间延缓程

度比减水更大。

⑤ 减小泌水率。在混凝土的坍落度基本一致的情况下，掺木钙的泌水率比不掺者可降低30%以上。在保持水灰比不变，增大坍落度的情况下，也因木钙亲水性及引入适量的空气等原因，泌水率下降。

此外，还可以用于水煤浆、耐火材料、油田钻井、冶炼、铸造、黏合剂。

水煤浆添加剂：在制备水煤浆过程中加入本产品，能提高磨机产量，维持制浆系统状况正常，降低制浆电耗，使水煤浆浓度提高，在气化过程中，氧耗、煤耗下降，冷煤气效率提高，并能使水煤浆黏度降低且达到一定的稳定性和流动性。

耐火材料及陶瓷坯体增强剂：在大规格墙地砖及耐火砖制造过程中，可以使坯体原料微粒牢固黏结起来，可使干坯强度提高20%以上。

染料工业和农药加工的填充剂和分散剂：在用作还原染料及分散染料的分散剂和填充剂时，可使染料着色力增高，着色更均匀，缩短染料研磨的时间；在农药加工中可作为填充剂、分散剂和悬浮剂，大大提高可湿性粉剂的悬浮率和润湿性能。

作为粉状和颗粒状物料的黏结剂：用于铁矿粉、铅锌矿粉、粉煤、焦炭粉的压球；铸铁、铸钢砂型的压制；泥砖、墙砖、地砖等挤压成型；在矿料的成球方面，可获得强度高、稳定性好、润滑模具等良好效果。

在钻井中用作稀释分散剂、降黏剂：改进原油输送中的流动性，降低能耗。在石油产品中，作为洁净剂、分散剂、高碱性添加剂、防锈剂、抗静电剂、乳化降黏剂、消蜡防蜡剂等。

【制法】 木质素磺酸盐的制备工艺包括：废液→中和→降糖→超滤→浓缩→喷雾干燥几个步骤。

木质素磺酸盐是亚硫酸盐法制浆的副产品，根据亚硫酸盐制浆煮液的酸碱度，亚硫酸盐法又分为碱性法、中性法和酸性法，酸碱度对木质素磺酸盐的分子量大小影响较大。酸性亚硫酸盐制浆法所生产的木质素磺酸盐分子量最高，中性法的木质素磺酸盐分子量居中，碱性法木质素磺酸盐分子量最小。

亚硫酸盐制浆液中含有17%～18%的还原糖（五碳糖和六碳糖），还原糖对水泥水化具有显著的缓凝作用，需要采用发酵法或者加入碱进行降糖处理，使还原糖含量小于12%。

用造纸厂的纸浆废液为原料，制备方法如下。

① 亚硫酸氢钙制浆法的纸浆废液中所含有的亚硫酸盐或硫酸氢盐直接与木质素分子中的羟基结合生成木质素磺酸盐。废液中加入10%的石灰乳，在（95

±2)℃下加热30min。将钙化液静置沉降，沉淀物滤出，水洗后加硫酸。过滤，除去硫酸钙。然后往滤液中加入Na_2CO_3，使木质素磺酸钙转成磺酸钠。反应温度以90℃为宜，反应2h后，静置，过滤除去硫酸钙等杂质。滤液浓缩，冷却，经喷雾干燥得到木质素磺酸盐产品。

② 以碱液制浆所得造纸废液为原料。首先往废液中加入浓硫酸50%左右，搅拌4～6h。然后用石灰乳、经沉降、过滤、打浆、酸溶、加碳酸钠转化、浓缩，再经喷雾干燥得到木质素磺酸盐产品。

③ 发酵制酒精法。制浆中的还原糖在酶的作用下变成乙醇，经过分离，剩下的废液还原糖含量小于12%，经喷雾干燥得到木质素磺酸盐产品。

发酵制酒精后得到的木质素磺酸盐质量较好，有效成分含量较高；氢氧化钙降糖除钙过程虽然比较困难，但产品质量较好，有效成分含量基本不变；而采用氢氧化钠脱糖法，由于有10%左右的氢氧化钠加入，因此有效成分含量降低，性能较差。

【安全性】 无毒，但应避免与皮肤和眼睛接触。

【参考生产企业】 吉林开山屯晨鸣化工公司，图们化工有限公司，天津利建化工公司，牡丹江红林化工有限公司，广州江门甘蔗化工厂等。

A002 糖蜜类

【产品名】 糖蜜减水剂

【英文名】 molasses plasticizer; water reducer

【结构式或组成】 糖蜜减水剂是利用制糖生产过程中提炼食糖后剩余的残液（称为糖蜜），其中含有37%～50%糖分、11%～13%含氮有机物、13%～15%不含氮有机物、7%～8%灰分及水，经过石灰中和处理调制成的一种粉状或液体减水剂。

糖蜜的主要成分是转化糖、蔗糖及一些杂质。经石灰处理后，生成己糖钙、蔗糖钙和部分残留糖分。

【物化性质】 糖蜜减水剂为粉状或液体状产品，属于非离子表面活性剂。其中的己糖钙、蔗糖钙和部分残留糖分含有一定的活性基团，是亲水的表面活性物质。残留糖具有一定的缓凝作用，在水泥混凝土中作为缓凝减水剂使用，具有减水、缓凝作用。能增大新拌混凝土的坍落度，延缓水泥的凝结时间，提高后期强度及混凝土的其他性能。见表1-5。

表 1-5 糖蜜减水剂物化指标

项目	指标
外观	粉剂:淡黄色粉末 液体:棕黄色黏状液
含水量	粉剂:＜6% 液体:＜60%
细度	通过 0.6mm 筛
pH 值	11～12(10%水溶液)

【质量标准】 GB 8076—2008，GB/T 8077—2012。糖蜜减水剂的质量指标见表 1-6。

表 1-6 糖蜜减水剂的质量指标

项目		指标
减水率/% ≥		8
泌水率比/% ≤		100
含气量/% ≤		4.0
凝结时间之差/min	初凝	−90～+90
	终凝	
抗压强度比 ≥	3d	115
	7d	115
	28d	110
收缩率比/% ≤	28d	135

【用途】

① 用于要求缓凝的混凝土，如大体积混凝土、夏季施工用混凝土等。

② 用于要求延缓水泥初期水化热的混凝土，如大体积混凝土。

③ 可节省水泥 5%～10%。

④ 改善混凝土的工作性，应用于泵送混凝土。

⑤ 严格控制掺量，一般掺量为水泥质量的 0.1%～0.3%（粉剂）；掺量超过 1%时混凝土长时间疏松不硬；掺量为 4%时 28d 强度仅为不掺的 1%。

⑥ 糖蜜减水剂本身有不均匀沉淀现象，使用前必须搅拌均匀。

⑦ 对钢筋没有锈蚀作用。

【制法】

① 将相对密度为 1.3～1.5 的浓稠糖蜜，用热水稀释至相对密度为 1.2

左右。

② 向反应釜中徐徐加入磨细的生石灰粉（细度通过0.3mm的筛孔），加入量为稀释后糖水质量的12%～16%。石灰粉须少量徐徐加入，边加入边进行搅拌使其均匀溶解，直至石灰粉均匀分布于糖蜜中，化制后存放一个星期左右。

③ 按反应物：粉体=1∶(2.8～3.2)的比例加入粉料作载体进行吸湿，搅拌均匀，干燥至含水率3%～5%。

④ 生石灰粉可以用消石灰或石灰膏代替，糖蜜也可以用蔗糖或者酸解淀粉替代制造糖蜜减水剂。

【安全性】 无毒、无腐蚀性。

【包装和储存】

① 粉状糖蜜减水剂在储存期间避免浸水受潮，受潮后并不影响质量，但必须配成溶液使用。

② 该产品粉剂采用内塑料袋外加编织袋包装，水剂可采用铁桶包装。如需要特殊规定包装，可预先定制。

③ 应储存于库房内，注意防潮，受潮不影响使用效果，但应配成水溶液后再用。

【参考生产企业】 江西武冠实业集团，天津市利建特种建筑材料有限公司，华东化工有限公司，上海新浦化工厂有限公司，山西远征化工有限责任公司。

A003 腐殖酸类减水剂

【产品名】 腐殖酸类减水剂；腐殖酸（CAS号：1415-93-6）

【别名】 黑腐酸；腐质酸；胡敏酸

【英文名】 humic acidswater reducer；nitrohumic acid

【结构式或组成】

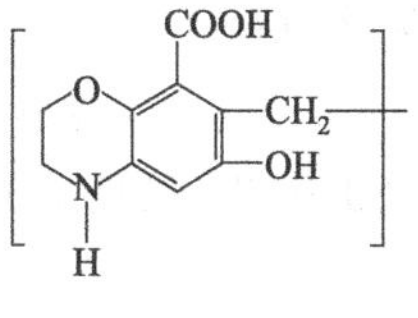

腐殖酸分子是由 n 个相似的结构单元所组成的天然高分子聚合物，含有酚羟基、羧基和甲氧基等多个活性基团。这些活性基团决定了腐殖酸具有亲水性、阳离子交换性和较强的吸附能力，是一种阴离子表面活性剂。

根据腐殖酸在溶剂中的溶解性，可分为三个组分：①溶入丙酮或乙醇的部分称为棕腐酸；②不溶于丙酮的部分称为黑腐酸；③溶于水或酸的部分称为黄腐酸（又称富里酸）。腐殖酸分子上还有一定数量的自由基，具有生理活性。

腐殖酸减水剂的有效成分是磺化腐殖酸盐。

【物化性质】 为棕黄色粉状物或棕褐色液体。粉剂含固量≥95%，0.315mm 筛余≤10%；液体含固量 50%±0.2%，密度（1.2±0.02）g/mL。腐殖酸类减水剂物化指标见表 1-7。

表 1-7 腐殖酸类减水剂物化指标

项目	木质素磺酸镁含量/%	还原物含量/%	水不溶物含量/%	pH 值	水分含量/%	表面张力/($\times 10^{-3}$N/m)
指标	>35	≤10	≤4	9～10	≤1	54

【质量标准】 GB 8076—2008，GB/T 8077—2012。腐殖酸类减水剂质量指标见表 1-8。

表 1-8 腐殖酸类减水剂质量指标

项目		指标
减水率/% ≥		8
泌水率比/% ≤		100
含气量/% ≤		4.0
凝结时间之差/min	初凝	-90～+90
	终凝	
抗压强度比 ≥	3d	115
	7d	115
	28d	110
收缩率比/% ≤	28d	135

【用途】 适用于普通混凝土、防水混凝土、大体积混凝土、夏季施工用混凝土等，其掺量为水泥质量的 0.2%～0.3%，主要作用如下。

① 减水率为 8%～13%，3d 和 7d 强度有所增长，28d 强度提高 10%～20%。

② 混凝土的坍落度可提高 10cm 左右。

③ 可节省水泥 8%～10%。

④ 有一定的引气性，混凝土的含气量增加 1%～2%，抗冻和抗渗性能

提高。

⑤ 可延缓水泥初期水化速率，放热峰推迟 2～2.5h。高峰温度也有所下降，初凝和终凝时间延长约 1h。

⑥ 泌水性较基准混凝土降低 50%左右，保水性能较好。

【制法】 将草炭等原料烘干粉碎后，用氢氧化钠溶液煮沸，再将混合液分离后，其清液即为腐殖酸钠溶液。将腐殖酸钠溶液作为原料，用亚硫酸钠为磺化剂进行磺化，引入磺酸基团以增强其亲水性，提高其表面活性作用。再经烘干、磨细即为成品。

也有的产品以风化煤为原料经粉碎后，以硝酸氧解、真空吸滤、水洗，再以烧碱碱解中和，通过高塔喷雾干燥来制备。

【安全性】 腐殖酸减水剂无毒、无腐蚀性。对钢筋无锈蚀作用。粉剂产品用内塑料膜外编织袋双层包装，净重 25kg / 袋。应置于通风干燥处，防雨、防潮。

【参考生产企业】 山东创新腐殖酸科技股份有限公司，内蒙古乌海市瑞达腐殖酸钠厂驻华南办事处，新疆双龙腐殖酸有限公司，萍乡市红土地腐殖酸有限公司，桓宇化工科技有限公司，淄博市淄川鑫汇减水剂厂等。

A004 萘磺酸盐甲醛缩合物高效减水剂

【产品名】 萘磺酸盐甲醛缩合物减水剂；聚萘甲醛磺酸钠盐（CAS 号：9084-06-4）

【别名】 萘系高效减水剂；2-萘磺酸甲醛聚合物钠盐；二萘基甲烷二磺酸钠；亚甲基双萘磺酸钠

【英文名】 poly-naphthalene sulphonate formaldehyde condensates；sodium poly [(naphthalene-formaldehyde) sulfonate]

【结构式或组成】 组成式：$(C_{11}H_7O_4SNa)_n$

结构式：

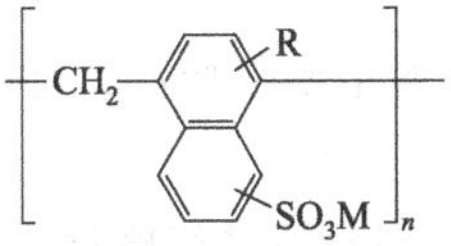

式中，n 为自然数；R 为 H、$-CH_3$、$-C_2H_5$、$-OH$、$-NH_2$；M 为 Na^+、K^+、NH_4^+、Ca^{2+}等。

【物化性质】 萘磺酸盐甲醛缩合物高效减水剂物化指标见表 1-9。

表 1-9　萘磺酸盐甲醛缩合物高效减水剂物化指标

项目	指标
外观	棕色粉末
含固量	≥95%
细度(60 目筛余)	≤15%
pH 值	7~9
表面张力	≥70×10^{-5}N/cm
水泥浆流动度	(240±10)mm

【质量标准】 GB 8076—2008，GB/T 8077—2012。萘磺酸盐甲醛缩合物减水剂质量指标见表 1-10。

表 1-10　萘磺酸盐甲醛缩合物减水剂质量指标

项目			指标
减水率/%	≥		14
泌水率比/%	≤		90
含气量/%	≤		3.0
凝结时间之差/min		初凝	-90～+120
		终凝	
抗压强度比	≥	1d	140
		3d	130
		7d	125
		28d	120
收缩率比/%	≤	28d	135

【用途】 作为一种主要的减水剂品种，它可作为各种复合减水剂的组分，根据对复合外加剂的要求，其在各种复合外加剂中的用量是不同的。可用于配制流动性混凝土、减水高强混凝土以及生产低水泥用量的混凝土等。

【制法】 萘系高效减水剂的制备主要包括：磺化→水解→缩聚→中和→过滤→干燥几个步骤。

① 磺化。用硫酸作为磺化剂对萘进行磺化，磺化温度为 165℃左右。磺化的目的是将萘核上的氢取代成磺酸基。

② 水解。将磺化后的产物加水，使其在 120℃温度下进行水解。水解的目的是除去磺化时生成的 α-萘磺酸，以利于接下去的缩聚反应。

③ 缩聚。在缩聚过程中要加入甲醛，并提高反应温度。缩聚过程受配比、酸度、温度、压力和反应时间等因素影响。

④ 中和。通常用 NaOH 作为中和碱，目的就是除掉在磺化和缩聚过程中未反应完的酸。

⑤ 过滤。将中和产生的硫酸钙通过压滤脱出，制得高浓减水剂母液。

⑥ 干燥。将减水剂母液经过喷雾干燥后得到粉状减水剂。

【安全性】 无危险反应，可燃，接触会引起过敏刺激，不会引起严重危害。本品对混凝土内部钢筋无锈蚀作用。

【参考生产企业】 山东万山集团有限公司，江苏苏博特新材料有限公司，天津飞龙砼外加剂有限公司，天津市雍阳减水剂厂，山东英泰建材科技有限公司，上虞吉龙化学建材有限公司，广东省惠州建科实业有限公司，深圳市红墙建材有限公司，广东瑞安科技实业有限公司，深圳市五山建材实业有限公司等。

A005 蒽磺酸盐甲醛缩合物高效减水剂

【产品名】 蒽磺酸盐减水剂

【别名】 蒽系高效减水剂

【英文名】 anthracene sulfonate water reducer

【结构式或组成】 该产品是将粗蒽磺化、水解缩合、中和、雾化、干燥制成的棕褐色粉末。结构式为：

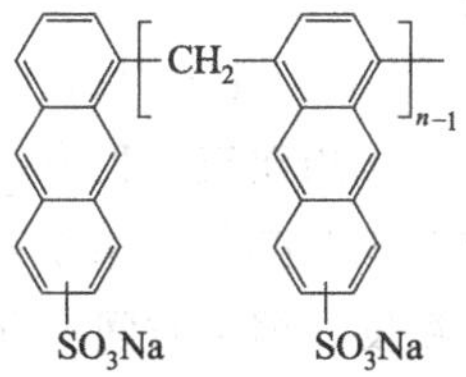

【物化性质】 蒽系高效减水剂的匀质性指标见表 1-11。

表 1-11 蒽系高效减水剂的匀质性指标

项目	指标
外观	棕褐色粉末
0.315mm 筛孔筛余	≤15%
pH 值(1%水溶液)	8～12
水分含量	≤8%

续表

项目	指标
硫酸盐含量	≤30%
不溶于水的杂质含量	≤3%

【质量标准】 GB 8076—2008，GB/T 8077—2012。蒽系高效减水剂的性能指标见表1-12。

表1-12 蒽系高效减水剂的性能指标

项目			指标
减水率/%	≥		14
泌水率比/%	≤		90
含气量/%	≤		3.0
凝结时间之差/min		初凝	−90～+120
		终凝	
抗压强度比	≥	1d	140
		3d	130
		7d	125
		28d	120
收缩率比/%	≤	28d	135

【用途】 该产品在混凝土拌合中具有高减水率、低引气量，高增强，混凝土拌合物施工和易性好，不易泌水，离析，适用于C10～C60强度等级的混凝土。可用于预应力混凝土、蒸养混凝土、流态混凝土、泵送混凝土、自密实混凝土，广泛用于道路、各种工业与民用建筑工程中。

【制法】 蒽系高效减水剂的制备工艺类似于萘系高效减水剂，仅在各种原料的摩尔比、磺化和缩合、酸度、温度、缩合时间上有较大差异。

① 将提纯的蒽油和/或粗蒽投入磺化反应釜中，升温至120～130℃开始搅拌，缓慢加入95%～98%浓硫酸。

② 在规定温度条件下反应2～3h。

③ 于110～120℃水解30min。

④ 降温至80℃以下，滴加甲醛进行缩合反应，甲醛滴加时间不宜少于60min，加完甲醛后于80～85℃缩合反应3～4h。

⑤ 将反应物料用液碱中和，调节pH值为7～9，再经干燥得到减水剂，也可不经干燥得到液体产品。

【安全性】 该产品无毒、无臭、不含氯离子，对钢筋无锈蚀作用。

【参考生产企业】 天津飞龙砼外加剂有限公司，江苏海润化工有限公司，上海景硕建材有限公司，河北瑞帝斯建材科技有限公司，新郑市中冠砼助剂有限公司，长沙市海岩混凝土外加剂有限公司等。

A006 三聚氰胺甲醛缩合物

【产品名】 三聚氰胺系高效减水剂

【别名】 蜜胺高效减水剂；三聚氰胺系超塑化剂

【英文名】 melaminewaterreducer

【结构式或组成】

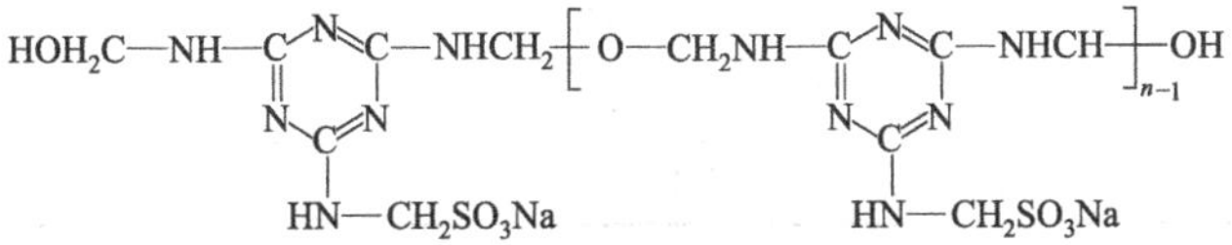

【物化性质】 三聚氰胺系高效减水剂物化指标见表 1-13。

表 1-13 三聚氰胺系高效减水剂物化指标

项目	指标
外观	白色粉末
含固量	≥95%
细度(60 目筛余)	≤15%
氯离子含量	<0.1%
pH 值	7～9
表面张力	$(71\pm1)\times10^{-5}$N/cm
水泥浆流动度	≥230mm
硫酸钠含量	<5%

【质量标准】 GB 8076—2008，GB/T 8077—2012。三聚氰胺系高效减水剂质量指标见表 1-14。

对各种水泥和外加剂都有极好的相容性，可与其他外加剂（如引气剂、缓凝剂、膨胀剂、早强剂等）一起使用或复配，而且对气温的适应性强，不会因气温的差异而产生很大的变化。减水率大，可达 15%～35%，具有触变行性，骨料不离析、不泌水，自流平效果佳；在保持水泥用量及水灰比不变的情况下，可提高坍落度 15～25cm，每立方米混凝土可节约 15%～35%。

表 1-14 三聚氰胺系高效减水剂质量指标

项目			指标
减水率/%	≥		14
泌水率比/%	≤		90
含气量/%	≤		3.0
凝结时间之差/min		初凝	-90～+120
		终凝	
抗压强度比	≥	1d	140
		3d	130
		7d	125
		28d	120
收缩率比/%	≤	28d	135

【用途】 本品适用于预制构件、钢筋混凝土、预应力钢筋混凝土，尤其是大流动性、高强、高性能混凝土及自流平灌浆材料等。本品对水泥和矿物掺和料具有极强的分散性能，显著提高硬化后混凝土的抗渗性和早期强度，减小收缩、徐变。

【制法】 制备工艺过程如下。

① 羟甲基化。将三聚氰胺、甲醛、水加入到反应烧瓶中，升温到 55～60℃，用质量分数 30%的 NaOH 溶液调节 pH 值为 8.5～9.0，升温到 65℃反应 60min。

② 磺化。加入亚硫酸氢钠或焦亚硫酸钠，用 30%NaOH 溶液调节体系的 pH＝10.5～11.0，在 80～85℃反应 60～120min。

③ 缩合反应。降温到 50～55℃，用 40% H_2SO_4 溶液调节体系的 pH＝4.5～5.0，保温 2h；调节 pH＝9.0～11.0，80～85℃下反应 60～90min。

④ 制粉。喷雾干燥方法制粉。

【安全性】 无毒、无味，可燃。长期储存，应在地上放垫格，以备通风。不会变质，在运输和储存时应防止破袋和防潮。

【参考生产企业】 无锡市耀德信化工产品有限公司，江苏兆佳建材科技有限公司，庐江外加剂有限公司，江苏天佑建材有限公司，深圳金迪恩化工科技有限公司。

A007 磺化丙酮甲醛缩合物

【产品名】 磺化丙酮甲醛缩合物减水剂

【别名】 脂肪族高效减水剂；脂肪族磺酸盐高效减水剂

【英文名】 sulfonated acetone-formaldehyde condensation polymer water reducer; SAF；FAS

【结构式或组成】

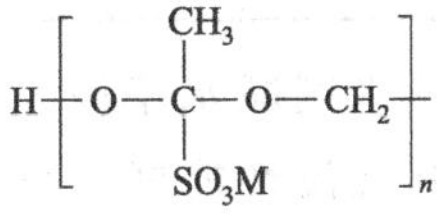

式中，n 为自然数；M 为 Na^+、K^+、NH_4^+、Ca^{2+} 等。

【物化性质】 磺化丙酮甲醛缩合物减水剂物化指标见表 1-15。

表 1-15 磺化丙酮甲醛缩合物减水剂物化指标

项目	指标
外观	棕红色粉末
含固量	≥95%
细度(60 目筛余)	≤15%
氯离子含量	<0.1%
pH 值	10～14
表面张力	$(71\pm1)\times10^{-5}$N/cm
水泥浆流动度	≥240mm
硫酸钠含量	<5%

【质量标准】 GB 8076—2008，GB/T 8077—2012。磺化丙酮甲醛缩合物减水剂质量指标见表 1-16。

表 1-16 磺化丙酮甲醛缩合物减水剂质量指标

<table>
<tr><th colspan="2">项目</th><th>指标</th></tr>
<tr><td colspan="2">减水率/% ≥</td><td>14</td></tr>
<tr><td colspan="2">泌水率比/% ≤</td><td>90</td></tr>
<tr><td colspan="2">含气量/% ≤</td><td>3.0</td></tr>
<tr><td rowspan="2">凝结时间之差/min</td><td>初凝</td><td rowspan="2">−90～+120</td></tr>
<tr><td>终凝</td></tr>
</table>

续表

项目			指标
抗压强度比	≥	1d	140
		3d	130
		7d	125
		28d	120
收缩率比/%	≤	28d	135

【用途】 脂肪族磺酸盐高效减水剂减水率高、引气量低、缓凝作用小、对混凝土增强效果明显。由于其抗温性能好，因此可用于钻井行业的泥浆降阻剂。

本品用作混凝土高效减水剂，对水泥适应性好，减水率高，可达30%，且强度增长快。广泛用于配制泵送剂及缓凝、早强、防冻、引气等各类个性化减水剂，也可以与萘系减水剂、氨基减水剂、聚羧酸减水剂复合使用。

【制法】 制备工艺如下。

① 在反应器中放入水，并将磺化剂亚硫酸盐投入到反应器中，进行磺化剂水解反应，反应过程在30～65℃条件下进行，持续30～60min。

② 向步骤①的溶液中加入丙酮进行硫化反应，反应过程在30～65℃条件下进行，持续30～60min。

③ 在40～60℃的条件下，向步骤②的溶液中滴加甲醛（开始滴加时速率慢，逐渐加快），进行羰基化放热反应，加完甲醛后使溶液升温至85～96℃。

④ 在95～110℃的条件下将步骤③的混合液进行高温缩合反应，反应持续2～6h，最后将混合液冷却，即可制得液体减水剂（用甲酸或醋酸中和液体产品）。

获得的脂肪族高分子缩合物的分子量范围在3000～10000，缩合物分子中应含有亲水性的磺酸基、羟基、羧基、羰基等官能团。

【安全性】 无毒、无味，氯离子、硫酸根离子等含量低。对钢筋无锈蚀作用。具有一定的碱性，避免与皮肤直接接触。

【参考生产企业】 重庆三圣特种建材股份有限公司，宁波启航助剂有限公司，山东省建筑科学研究院，江苏苏博特新材料有限公司，广西科达建材有限公司，青岛虹厦高分子材料有限公司，寿光市丰泰化工有限公司，徐州市鑫固建材科技有限公司，青岛世纪星源建材科技有限公司，莱芜市双泉建筑材料有限公司，河北瑞帝斯建材科技有限公司等。

A008 氨基磺酸盐甲醛缩合物

【产品名】 氨基磺酸盐系减水剂

【别名】 单环芳烃型高效减水剂；芳香族氨基磺酸盐聚合物；氨基磺酸盐超塑化剂

【英文名】 amino-aryl-sulphonate phend formaldehyde condensate

【结构式或组成】 氨基磺酸盐系减水剂是对氨基苯磺酸钠、苯酚、甲醛为主要原料，在一定温度条件下经反应缩合而成的一种外加剂，称为芳香族氨基磺酸盐聚合物。用对氨基苯磺酸钠、苯酚为原料经加成、缩聚反应最终生成具有一定聚合度的大分子聚合物，其减水率可达30%，成本较高，容易泌水，常与萘系高效减水剂复合使用，可以解决萘系高效减水剂与水泥相容性问题。

氨基磺酸盐高效减水剂是一种单环芳烃型高效减水剂，主要是对氨基苯磺酸、单环芳烃衍生物，结构式如下：

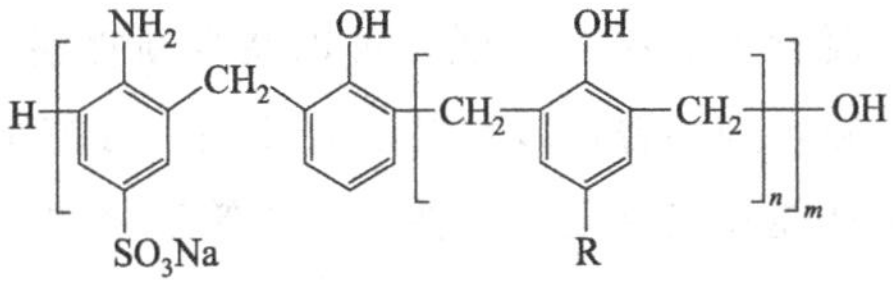

【物化性质】 氨基磺酸盐系减水剂物化指标见表1-17。

表1-17 氨基磺酸盐系减水剂物化指标

项目		指标
外观		棕褐色粉末
含固量	≥	95%
细度(60目筛余)	≤	15%
氯离子含量	<	0.1%
pH值		9～11
表面张力		$(71\pm1)\times10^{-5}$N/cm
水泥浆流动度	≥	250mm
硫酸钠含量	<	5%

【质量标准】 GB 8076—2008，GB/T 8077—2012。氨基磺酸盐系减水剂质量指标见表1-18。

表 1-18　氨基磺酸盐系减水剂质量指标

项目			指标
减水率/%	≥		14
泌水率比/%	≤		90
含气量/%	≤		3.0
凝结时间之差/min		初凝	－90～＋120
		终凝	
抗压强度比	≥	1d	140
		3d	130
		7d	125
		28d	120
收缩率比/%	≤	28d	135

【用途】 氨基磺酸盐系高效减水剂的减水分散能力高于萘系减水剂、三聚氰胺系高效减水剂和脂肪族高效减水剂，对水泥粒子具有高度分散性，减水率可达30%。具有一定的缓凝性能，引气量低，可以减少新拌混凝土的坍落度损失，可以与上述几种高效减水剂和普通减水剂复合使用，可控制坍落度损失。可提高硬化混凝土的力学性能和混凝土耐久性。在建筑工程领域应用较广泛，是一种重要的减水剂品种。

【制法】 氨基磺酸盐系高效减水剂的合成过程包含下面四个反应。

① 苯酚与甲醛的加成反应（苯酚羟甲基化反应）。苯酚单体与甲醛在一定pH值和温度条件下发生加成反应，产生多种羟甲基衍生物。

反应分两步进行，首先是带负电荷的原子或原子团加成到带正电荷的羰基碳上，然后带正电荷的原子或原子团加成到碳基氧原子上，生成一羟甲基苯酚。决定反应速率的是第一步反应。如果甲醛量足够多，甲醛会继续进攻一羟甲基苯酚的另一个邻位，生成二羟甲基苯酚。当甲醛用量过大时，三羟甲基苯酚、多元羟甲基苯酚都有可能形成，这取决于反应物浓度和反应条件。在苯酚羟甲基化反应阶段，反应介质的酸碱度、反应时间、苯酚和甲醛的摩尔比都将影响反应的进行，因此控制好这些参数是减少副反应发生的前提。

② 对氨基苯磺酸钠与甲醛的加成反应。对于对氨基苯磺酸钠而言，其苯环上已经有两个定位基—NH_2 与—SO_3Na，其中—NH_2 是给出电子的定位基，使得苯环电子云密度增加，还发生超共轭现象，这使其邻、对位碳原子活泼；

而—SO_3Na 是吸电子取代基，使苯环上电子云密度下降，诱导效应使其邻、对位上电子云密度下降程度大于间位。综合作用下，—NH_2 的邻、对位的碳原子最为活泼，易发生化学反应，甲醛上带正电的羰基碳借助—NH_2 邻位上碳原子提供的电子对形成碳-碳键，发生羟甲基化反应生成一羟甲基对氨基苯磺酸钠。如果甲醛量足够多，甲醛会继续进攻一羟甲基对氨基苯磺酸钠的另一个邻位，生成二羟甲基对氨基苯磺酸钠。

③ 缩聚反应。缩聚反应发生在羟甲基苯酚与羟甲基对氨基苯磺酸钠之间，生成大分子聚合物。

④ 碱性重排反应。重排反应是分子中共价键结合顺序发生改变的反应。这种改变可导致碳架或官能团位置发生变化，有时因为伴有进一步变化而得到分子组成与反应物并不相同的重排产物，按反应机理，重排反应可分为：基团迁移重排反应和周环反应。碱性重排反应对产物的物化性能和长时间储存有着至关重要的影响。经过碱性重排，分子链的相互缠结减少，同时发生分子间弱键的断开和交换反应，使分子键更趋于稳定，形成更具规模结构的分子链，从而提高了产物的性能。

【安全性】 产品性能稳定，无毒、无刺激性和放射性，不含对钢筋有锈蚀作用的物质。

【参考生产企业】 重庆三圣特种建材股份有限公司，宁波启航助剂有限公司，山东省建筑科学研究院，江苏苏博特新材料有限公司，广西科达建材有限公司，科之杰新材料集团，惠州建科实业有限公司。

A009 聚羧酸系高性能减水剂（酯类）

【产品名】 聚羧酸系高性能减水剂（酯类）

【别名】 聚羧酸系超塑化剂（酯类）

【英文名】 polycarboxylate ester superplasticizer；polycarboxylic ester superplasticizer

【结构式或组成】

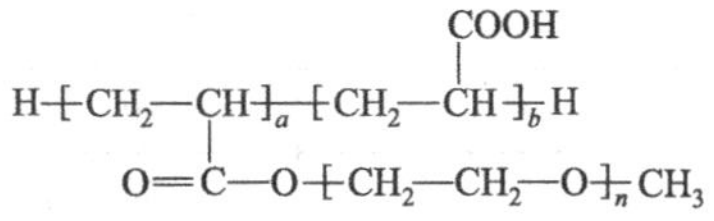

【物化性质】 聚羧酸系高性能减水剂物化指标见表 1-19 和表 1-20。

表 1-19 聚羧酸系高性能减水剂物化指标（粉体）

项目	指标
外观	白色粉末
含固量	≥95%
细度(60 目筛余)	≤15%
氯离子含量	<0.1%
pH 值	5～8
表面张力	(40～60)×10^{-5}N/cm
碱含量(Na_2O+0.658K_2O)	<1.0%
硫酸钠含量	<5%

表 1-20 聚羧酸系高性能减水剂物化指标（母液）

项目	指标
外观	棕色透明液体
含固量	约 40%
密度	(1.09±0.02)/g/cm^2
氯离子含量	<0.1%
pH 值	5～8
表面张力	(40～60)×10^{-5}N/cm
碱含量(Na_2O+0.658K_2O)	<1.0%
硫酸钠含量	<5%

【质量标准】 执行 GB 8076—2008 中标准型高性能减水剂标准，JG/T 223—2007 聚羧酸系高性能减水剂标准。聚羧酸减水剂的性能指标见表 1-21。

表 1-21 聚羧酸减水剂的性能指标

项目	标准型	缓凝型
减水率/%	25～45	25～45
泌水率比/%	≤20	≤20
坍落度增加值/mm	>100	>100
坍落度保留值(1h)/mm	≥160	≥160
含气量/%	2.0～6.0	2.0～6.0

续表

项目		标准型	缓凝型
凝结时间之差/min	初凝	−90～+90	+150
	终凝	−90～+90	+150
抗压强度比/% ≥	1d	180	无要求
	3d	165	155
	7d	155	145
	28d	135	130
28d收缩率比/%	≤	110	110
200次快冻相对动弹模量/%	≥	60	60
抗氯离子渗透性/C	≤	1000	1000
碳化深度比/%	≤	100	100
钢筋锈蚀		无	无

与其他外加剂相比，聚羧酸系高性能减水剂具有如下性能特点。

① 掺量低、减水率高。减水率可高达45%，可用于配制高强以及高性能混凝土。

② 坍落度经时损失小。预拌混凝土2h坍落度损失小于15%，对于商品混凝土的长距离运输及泵送施工极为有利。

③ 新拌混凝土工作性好。用聚羧酸系高性能减水剂配制的混凝土和易性好，流动性保持能力好。用于配制高流动性混凝土、自流平混凝土、自密实混凝土、清水饰面混凝土极为有利。用于配制高标号混凝土时，混凝土工作性好、黏聚性好，混凝土易于搅拌。

④ 混凝土收缩小。可明显降低混凝土收缩，显著提高混凝土体积稳定性及耐久性。

⑤ 有害物质含量低，对保证混凝土结构耐久性有利。

⑥ 产品稳定性好。低温时无沉淀析出。

⑦ 产品绿色环保。产品不含甲醛等无毒、无害物质，是绿色环保产品，有利于可持续发展。

⑧ 生产工艺相对简单，无三废排放，节能环保。

⑨ 性能价格比高，使用聚羧酸减水剂单方混凝土造价不高于使用其他类型

产品。

【用途】 用于各种现浇、预制的混凝土及预应力混凝土，早强、高强、流态、自密实混凝土，预拌及集中搅拌的泵送混凝土，防水、抗渗、抗冻、耐侵蚀、耐磨等特殊性能的混凝土，自然养护及蒸汽养护的各种混凝土构件，可作为复配用的优质减水组分原料。

【制法】 聚酯类减水剂是聚羧酸系减水剂的一种，主要是指（甲基）丙烯酸-甲氧基聚乙二醇（甲基）丙烯酸酯类聚羧酸系减水剂。目前制备这种聚羧酸系高性能减水剂大多数采用可聚合单体水溶液共聚方法。制备过程中一般分两步工艺，第一步先制备具有聚合活性的聚氧化乙烯基不饱和羧酸酯（大单体），第二步利用制备好的大单体与（甲基）丙烯酸等其他单体共聚成一定结构和分子量的聚羧酸系聚合物。合成大单体的品质是决定最终减水剂性能的关键因素之一。

酯化过程中采用强酸作为催化剂，以甲苯、苯、环己烷等不溶于水的低沸点溶剂与水形成恒沸物将水分蒸出，在100～130℃温度条件下反应，反应时间一般为4～12h。直接酯化法在强酸条件下长时间反应，可能伴随副反应发生，甲氧基聚乙二醇醚也可能出现某些醚键断裂，易生成双官能度单体而使后续聚合反应时发生交联。由于苯的带水效率不高时，反应转化率低，当甲氧基聚氧乙烯基醚分子量很大时较难制得高转化率的产品。

从摩尔组成来看，聚羧酸类高效减水剂功能大单体占总单体的10%～30%，但由于甲氧基聚乙二醇醚-甲基丙烯酸酯（methoxy polyethylene glycol methacrylate ester，简称PGM）的分子量大，因此其质量组分可占到总组分的60%～80%。大单体的质量会直接影响减水剂的性能，只有先制得一种稳定的活性大单体，才能保证减水剂合成的后续工作正常进行。

大单体的合成方法主要有直接酯化法、酯交换法、直接醇解法等，其中以直接酯化方法应用较多。

【安全性】 储存稳定性好，无毒、无味，不刺激。宜储存在阴凉通风处。

【参考生产企业】 江苏苏博特新材料有限公司，中铁江苏奥莱特新材料公司，科之杰集团，北京建筑科学研究院有限公司，山东建筑科学研究院外加剂厂，天津飞龙砼外加剂有限公司，长安育才建材有限公司，上虞吉龙化学建材有限公司，广东省惠州建科实业有限公司，深圳市红墙建材有限公司，广东瑞安科技实业有限公司，重庆三圣特种建材有限公司，山西黄腾化工有限公司，山西凯迪建材有限公司，苏州市兴邦化学有限公司等。

A010 聚羧酸系高性能减水剂（烷基烯丙基醚类）

【产品名】 聚羧酸系高性能减水剂（烷基烯丙基醚类）

【别名】 聚羧酸系超塑化剂（醚类）

【英文名】 polycarboxylate ether superplasticizer；polycarboxylic ether superplasticizer

【结构式或组成】

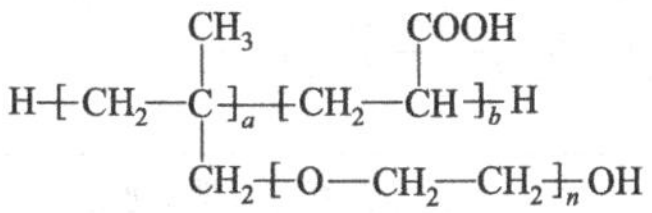

【物化性质】 聚羧酸系高性能减水剂（烷基烯丙基醚类）物化指标同 A009 聚羧酸系高性能减水剂（酯类）。

【质量标准】 执行 GB 8076—2008 中标准型高性能减水剂标准，JG/T 223—2007 聚羧酸系高性能减水剂标准。聚羧酸系高性能减水剂（烷基烯丙基醚类）性能指标同 A009 聚羧酸系高性能减水剂（酯类）。

【用途】 配制高性能混凝土、预制混凝土、现浇混凝土、大流态混凝土、自密实混凝土、大体积混凝土、清水混凝土，可广泛应用于高速铁路、核电、水利水电工程、地铁、大型桥梁、高速公路、港湾码头和各种工民建工程等。

【制法】 聚羧酸系减水剂的生产中按照不同的加料方式有如下几种聚合方式。

① 一次投料法。在反应釜中加入一定量的水和大单体，连续搅拌，水浴加热升温至所需温度。将分子量调节剂、（甲基）丙烯酸、引发剂溶液一次性顺次加入反应釜中，升温到反应温度，连续搅拌，恒温反应控制在 3～5h。反应结束后停止加热，自然冷却至一定温度，加入 NaOH 调节溶液 pH 到 7 左右。

② 滴加方法。聚合过程中，在反应釜中加入一定量的水，升温到反应温度，将自制大单体（熔化后的）、（甲基）丙烯酸、引发剂、分子量调节剂混合搅拌均匀后加入到分液漏斗中，混合液连续滴加 3～4h，滴加完毕后，再保温反应 1～2h，然后自然冷却至一定温度后，加入 30%NaOH 调节溶液pH＝7。

③ 引发剂分批加入法。聚合过程中，在反应釜中加入一定量的水和自制大单体，连续搅拌，水浴加热升温至所需温度。将分子量调节剂加入反应釜中，升温到反应温度，引发剂溶液则分几次加入，恒温反应控制在 2～3h。反应结束后停止加热，自然冷却至一定温度后，加入 30%NaOH 调节溶液 pH 到 7。

聚羧酸系减水剂的合成工艺流程如图 1-2 所示。

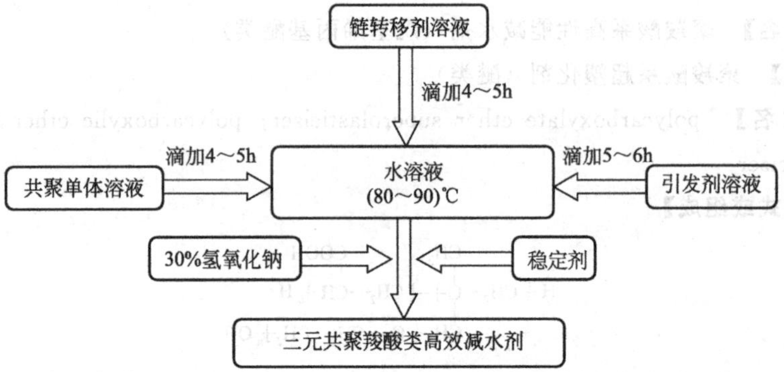

图 1-2　聚羧酸系减水剂的合成工艺流程

【安全性】 储存稳定性好，无毒、无味，不刺激。宜储存在阴凉通风处。

【参考生产企业】 江苏苏博特新材料有限公司，中铁江苏奥莱特新材料公司，科之杰集团，北京建筑科学研究院有限公司，山东建筑科学研究院外加剂厂，天津飞龙砼外加剂有限公司，长安育才建材有限公司，上虞吉龙化学建材有限公司，广东省惠州建科实业有限公司，深圳市红墙建材有限公司，广东瑞安科技实业有限公司，重庆三圣特种建材有限公司，山西黄腾化工有限公司，山西凯迪建材有限公司，苏州市兴邦化学有限公司等。

巴斯夫（BASF）化学，西卡（中国）公司，高泰（中国）公司，乐金（LG）公司等外企。

B 引气剂

一、术语

引气剂（air entraining admixture）

二、定义

在混凝土搅拌过程中能引入大量均匀分布、稳定而封闭的微小气泡，且能保留在硬化混凝土中的外加剂。

三、简介

引气剂是在混凝土搅拌过程中能引入大量均匀分布、稳定而封闭的微小气泡（直径在 20～1000μm 范围内），且能保留在硬化混凝土中的外加剂。

引气剂是常用的混凝土外加剂，其掺量很少，通常只有胶凝材料用量的万分之几，但却能明显改进新拌混凝土的和易性（工作性），提高硬化混凝土的抗冻融破坏能力。在寒冷地区有抗冻性要求的混凝土结构，一般通过掺加引气剂，使混凝土含气量达到一定的要求。

引气剂的发明和应用始于 20 世纪 30 年代，美国为防止混凝土路面冻融破坏而研究开发了松香树脂类引气剂（Vinsol 树脂），其是松香精制过程中的一种副产品，1938 年获得专利。美国材料与试验协会首先制定了关于引气剂的标准及试验方法 ASTM C260 及 ASTM C233。

我国 20 世纪 50 年代研制了以松香热聚物为主要成分的引气剂，此后，又相继开发了三萜皂苷类引气剂、聚醚类引气剂等新产品。

引气剂在道路、桥梁、水工大坝、港口等工程中应用广泛，是一种非常重要的混凝土外加剂。

B001 松香热聚物

【产品名】 松香热聚物

【别名】 "文沙"树脂

【英文名】 rosin polymer

【结构式或组成】 $C_{20}H_{30}O_2$。该产品是一类分子式为 $C_{19}H_{29}COOH$ 的同分异构体的总称，都具有一个三元环菲架结构、两个双键及一个羧基。由其结构可以看出，松香具有两个反应活性中心——羧基和双键。松香的改性方法都是围绕着这两个活性中心进行的，引入其他基团，赋予期望的性能。松香热聚物是通过苯酚对松香进行改性的产物。

【物化性质】 外观：胶状物或棕褐色液体。

【质量标准】 松香热聚物质量指标见表 2-1。

表 2-1 松香热聚物质量指标

有效物含量	≥50%
pH 值	10±2
氯离子含量	≤0.1%
减水率	8%～10%(掺量 0.001%)
抗压强度比	3d、7d、28d:90%～98%
相对耐久性	冻融 200 次≥85%
对钢筋锈蚀作用	无

表 2-2 引气混凝土技术性能指标

项目		GB 8076—2008		DL/T 5150—2001
		一等品	合格品	
减水率/%		≥6	≥6	—
泌水率比/%		≤70	≤80	—
含气量/%		>3	>3	—
凝结时间差/min	初凝	-90～+120		-60～+60
	终凝			-15～+15
抗压强度比/%	3d	≥95		≥90
	7d	≥95		≥90
	28d	≥90		≥90

续表

项目		GB 8076—2008		DL/T 5150—2001
		一等品	合格品	
抗压强度比/%	90d	—		≥90
	180d	—		≥90
抗拉强度比/%	7d	—		≥90
	28d	—		≥90
收缩率比/%		<135		—
相对耐久性(200 次)/%		≥80	≥80	—
对钢筋锈蚀作用		应说明对钢筋无锈蚀		—

【用途】 改善新拌混凝土的工作性（和易性）。能在混凝土拌和过程中引发微小独立气泡，有效地改善混凝土拌和物的工作性能，有效控制混凝土坍落度损失，有利于施工和提高混凝土浇注质量；又因微小独立气泡能阻断水的通路，因此可减少拌合物的泌水离析；改善混凝土的微观结构，因而能有效地提高混凝土的抗冻性和耐久性。

可用于防水混凝土、泵送混凝土、有抗冻融要求的混凝土，用于水工、港工、海工混凝土工程，用于表面修饰有要求的混凝土和道路混凝土等工程。

【制法】 以松香与苯酚、硫酸等几种物质作原料，以适当的比例混合投入反应釜，在 70～80℃环境下反应 6h 后得到钠盐缩合热聚物产品，即可得到松香热聚物类引气剂，其是一种棕褐色膏状体。

【安全性】 无毒、无腐蚀性。存放温度不宜低于 20℃。

【参考生产企业】 青岛鑫盛建材有限公司，天津市北辰区庆辉林化产品有限公司，青岛科力建材有限责任公司等。

B002 松香酸钠

【产品名】 松香酸钠（CAS 号：14351-66-7）

【英文名】 sodium abietate

【结构式或组成】

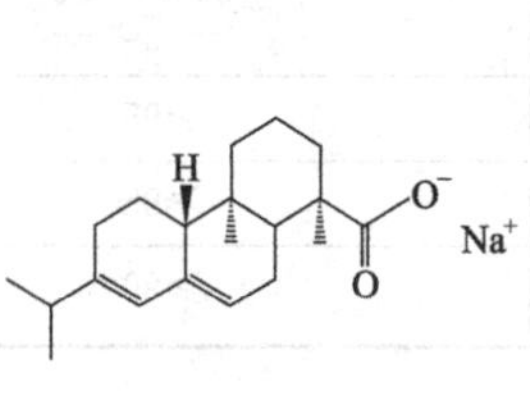

【分子式】 $C_{20}H_{29}NaO_2$

【质量标准】 松香酸钠的质量指标见表2-3。

表2-3 松香酸钠的质量指标

外观	黑褐色黏稠体
pH值	7.5～8.5
氯离子含量	≤0.1%
减水率	约10%(掺量0.001%～0.005%)
抗压强度比	3d、7d、28d:90%～98%
相对耐久性	冻融200次≥85%
对钢筋锈蚀作用	无

【用途】 松香酸钠是一种重要的混凝土外加剂，它明显改善新拌混凝土的工作性，提高混凝土的抗冻融破坏能力和耐久性。可用于防水混凝土、泵送混凝土、有抗冻融要求的混凝土。用于水工、港工、海工混凝土工程，用于有表面修饰要求的混凝土和道路混凝土等工程。

松香酸钠用作冲洗液时，它的亲水基吸附在钻具和孔壁上，而亲油基则起着隔离摩擦面的作用，使固体之间的摩擦变为油面之间的摩擦，借以降低孔壁与钻具之间的摩擦阻力。

【制法】 将氢氧化钠或碳酸钠倒入反应釜A中溶解成8%水溶液，并加热至80℃左右；将称取的松香倒入另一反应釜B中加热至95～110℃熔化。将反应釜A中的碱液慢慢倒入反应釜B，并不断搅拌3～4h，直至反应完毕。然后加入一定量的乳化分散剂稀释至一定浓度，保温1～2h再装桶。

【安全性】 本品无毒，属于非易燃易爆品，储存于阴凉、避风处，密闭保存。如有分层，请摇匀后使用。

【参考生产企业】 西安鼎诚化工有限公司，江西省萍乡市博新钻井泥浆助剂厂，上海联成化工贸易有限公司等。

B003 松香皂类引气剂

【产品名】 松香皂类引气剂

【英文名】 rosinsoap air entraining agent

【分子式】 $C_{19}H_{29}COOR$（R代表金属盐）

【物化性质】 外观呈棕褐色液体，易溶于水。

【质量标准】 松香皂类引气剂质量指标见表 2-4。

表 2-4 松香皂类引气剂质量指标

pH 值	10±2
水不溶物含量	<1%
氯离子含量	≤1%
减水率	≥6%
对钢筋锈蚀作用	无

【用途】

① 广泛应用于水利工程、工业与民用建筑工程、公路桥梁工程，以及有耐久性要求的混凝土工程，适用于各种素混凝土和钢筋混凝土，尤其是抗冻混凝土和防水混凝土。

② 对混凝土拌和物的工作性能要求较高的混凝土。

【制法】 松香皂化反应是典型的酸碱反应，反应比较简单，易于控制。反应产物具有较优异的引气性能。

具体制法参考 B002 松香酸钠。

【安全性】 本品无毒，属于非易燃易爆品，储存于阴凉、避风处，密闭保存。如有分层，请摇匀后使用。

【参考生产企业】 上虞市舜洋建筑材料有限公司，济南融祺建材有限公司，河南省鑫隆化工有限公司等。

B004 十二烷基磺酸钠

【产品名】 十二烷基磺酸钠（CAS 号：2386-53-0）

【别名】 1-十二烷基磺酸钠盐；月桂基磺酸钠；正癸烷磺酸钠；正十二烷磺酸钠

【英文名】 sodium dodecyl sulfonate（SDS）

【结构式或组成】 $CH_3(CH_2)_{11}SO_3Na$

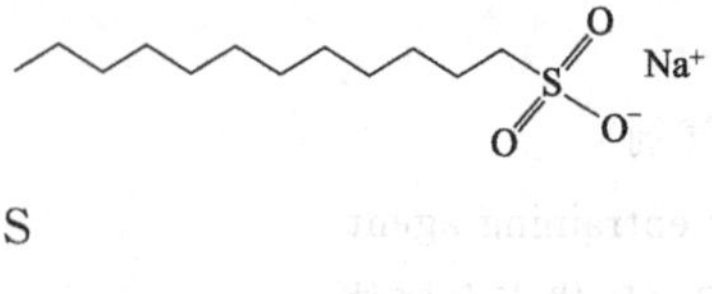

【分子式】 $C_{12}H_{25}NaO_3S$

【分子量】 272.38

【物化性质】 白色或浅黄色结晶或粉末，易溶于热水，溶于热乙醇，不溶于冷水、石油醚。属于阴离子表面活性剂，具有优异的渗透、洗涤、润湿、去污和乳化作用。在湿热空气中分解，熔点 180℃（分解）。

【质量标准】 十二烷基磺酸钠质量指标见表 2-5。

表 2-5 十二烷基磺酸钠质量指标

项目	化学纯(AR)	分析纯(CP)
$CH_3(CH_2)_{10}CH_2SO_3Na$ 含量	≥98.5%	97.0%
硫酸钠(Na_2SO_4)含量	≤2.0%	3.0%
水分含量	≤0.5%	1.0%
不皂化物含量	≤0.5%	1.0%

【用途】 阴离子表面活性剂，可用作乳化剂、浮选剂、发泡剂、印染工业的渗透剂等。

【制法】 直链烷基用三氧化硫或发烟硫酸在 30～40℃下磺化，生成烷基硫酸，再用氢氧化钠中和、分馏制成。

【安全性】 S24/25：防止皮肤和眼睛接触。

【参考生产企业】 青岛市鑫本化工有限公司，宁波阔广化工有限公司，恒业化工股份有限公司等。

B005 十二烷基硫酸钠

【产品名】 十二烷基硫酸钠（CAS 号：151-21-3）

【别名】 椰油醇（或月桂醇）硫酸钠；K12；发泡剂等

【英文名】 sodium lauryl sulfate（SLS）

【结构式或组成】

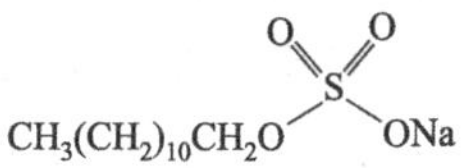

【分子式】 $C_{12}H_{25}OSO_3Na$

【分子量】 288.38

【物化性质】 阴离子表面活性剂。易溶于水，溶于热乙醇，微溶于醇，不溶于氯仿、醚。与阴离子、非离子复配伍性好，具有良好的乳化、发泡、渗透、去污和分散性能，泡沫丰富，生物降解快，广泛用于牙膏、香波、洗发膏、洗发香波、洗衣粉、液洗、化妆品以及制药、造纸、建材、化工等行业。SLS 常作为一般的阴离子表面活性剂用于科学研究中。十二烷基硫酸钠物化指标见表 2-6。

表 2-6 十二烷基硫酸钠物化指标

项目	性能
外观与性状	白色或奶油色结晶鳞片或粉末
pH 值	7.5～9.5
熔点/℃	204～207
HLB	40，属于亲水基表面活性剂
相对密度（水＝1）	1.09
298K 时十二烷基硫酸钠的 CMC 值	约为 0.008mol/dm^3

【质量标准】 GB/T 15963—2008《十二烷基硫酸钠》。十二烷基硫酸钠质量指标见表 2-7。

表 2-7 十二烷基硫酸钠质量指标

项目	化学纯（AR）	分析纯（CP）
$CH_3(CH_2)_{10}CH_2SO_3Na$ 含量	≥98.5%	97.0%
硫酸钠（Na_2SO_4）含量	≤2.0%	3.0%
水分含量	≤0.5%	1.0%
不皂化物含量	≤0.5%	1.0%

【用途】 阴离子表面活性剂，可用作乳化剂、浮选剂、发泡剂、印染工业的渗透剂等。

【制法】

① 由十二醇和氯磺酸在 40～50℃下经硫酸化生成月桂基硫酸酯，加氢氧化钠中和后，经漂白、沉降、喷雾干燥而成。

② 三氧化硫法反应装置为立式反应器。在 32℃下使氮气通过气体喷口进入反应器。氮气流量为 85.9L/min。在 82.7kPa 下通入月桂醇，流量 58g/min。将液体三氧化硫在 124.1kPa 下通入闪蒸器，闪蒸温度维持在 100℃，三氧化硫流量控制在 0.9072kg/h。然后将硫酸化产物迅速骤冷至 50℃，打入老化器，放置 10～20min。最后打入中和釜用碱中和。中和温度控制在 50℃，当 pH 值至 7～8.5 时出料，即得液体成品。喷雾干燥得固体成品。

【安全性】 该品可燃，具有刺激性，具有致敏性。遇明火、高热可燃。受高热分解放出有毒的气体。有害燃烧产物：一氧化碳、二氧化碳、硫化物、氧化钠。

禁配物：强氧化剂。

健康危害：对黏膜和上呼吸道有刺激作用，对眼和皮肤有刺激作用。可引起呼吸系统过敏性反应。

S24/25：防止皮肤和眼睛接触。

【参考生产企业】 天津市盛同鑫化工商贸有限公司，河南蓝翔化工原料有限公司，上海星海企业集团，江苏科特商贸有限公司等。

B006 烷基苯磺酸钠

【产品名】 十二烷基苯磺酸钠（CAS 号：25155-30-0）

【英文名】 sodium dodecyl benzene sulfonate（SDBS、LAS）

【结构式或组成】

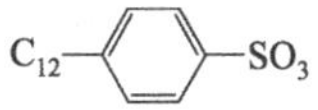

【分子式】 $C_{18}H_{29}NaO_3SNa$

【分子量】 348.48

【物化性质】 工业上用的烷基苯磺酸盐主要为十二烷基苯磺酸盐，如钠盐、铵盐。十二烷基苯磺酸钠为白色或淡黄色粉末，易溶于水，易吸潮结块，分解温度为 450℃，失重率达 60%。

【质量标准】 执行标准：GB/T 8447—2008《工业直链烷基苯磺酸》。烷基苯磺酸钠质量指标见表 2-8。

表 2-8 烷基苯磺酸钠质量指标

白色浆状物含量	≥40%
游离油含量	≤2.5%(按 100%有效物计)
pH 值	7～9
溶解度	26%(20℃)
润湿力	19s(20℃)
表面张力	36mN/m
浊点	25%(23℃)
HLB 值	10.6
生物降解度	>90%

【用途】 烷基苯磺酸钠具有去污、润湿、发泡、乳化、分散等性能，易氧化，起泡力强，去污力高，易与各种助剂复配，是非常出色的阴离子表面活性剂。

在水泥工业中用作加气剂等诸多方面或单独使用，或作为配合成分使用。常与螯合剂或 OP 乳化剂复合使用。

作为洗涤剂脱脂力较强，手洗时对皮肤有一定的刺激性，洗后衣服手感较差，宜用阳离子表面活性剂作柔软剂漂洗。其生物降解度＞90%，所以它可直接用于配制民用及工业用洗涤用品。

在纤维工业中可用作煮练剂、洗手剂、染色助剂；在金属电镀过程中用作金属脱脂剂；在造纸工业中用作树脂分散剂、毛毡洗涤剂、脱墨剂；在农药生产中用作乳化剂、颗粒剂和可湿性粉末剂用的分散剂；在皮革工业上用作渗透脱脂剂；在肥料工业中用作防结块剂。

【制法】 由直链烷基苯（LAB）用三氧化硫或发烟硫酸磺化生成烷基磺酸，再中和制成。

1. 实验室制法

在装有搅拌器、温度计、滴液漏斗和回流冷凝器的 250mL 四口瓶中，加入十二烷基苯 35mL（34.6g），搅拌下缓慢加入质量分数 98%硫酸 35mL，温度不超过 40℃，加完后升温至 60～70℃，反应 2h。将上述磺化混合液降温至 40～50℃，缓慢滴加适量水（约 15mL），倒入分液漏斗中，静置片刻，分层，放掉下层（水和无机盐），保留上层（有机相）。配制质量分数 10%氢氧化钠溶液 80mL，将其加入 250mL 四口瓶中约 60～70mL，搅拌下缓慢滴加上述有机相，控制温度为 40～50℃，用质量分数 10%氢氧化钠调节 pH＝7～8，并记录质量分数 10%氢氧化钠总用量。于上述反应体系中，加入少量氯化钠，渗圈试验清晰后过滤，得到白色膏状产品，即为十二烷基苯磺酸钠。相关化学反应为：

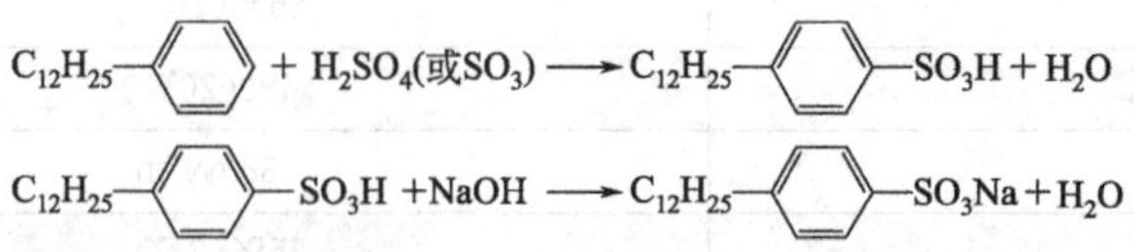

2. 工业制法

十二烷基苯磺酸钠由十二烷基苯经发烟硫酸或三氧化硫磺化，再用碱中和制得。用发烟硫酸磺化的缺点是反应结束后总有部分废酸存在于磺化物料中。

中和后生成的硫酸钠带入产品中，影响了它的纯度。目前，工业上均采用三氧化硫-空气混合物磺化的方法。三氧化硫可由60%发烟硫酸蒸出，或将硫黄和干燥空气在炉中燃烧，得到含 SO_3 4%～8%体积分数的混合气体。将该混合气体通入装有烷基苯的磺化反应。

十二烷基磺酸钠制备流程图如图 2-1 所示。

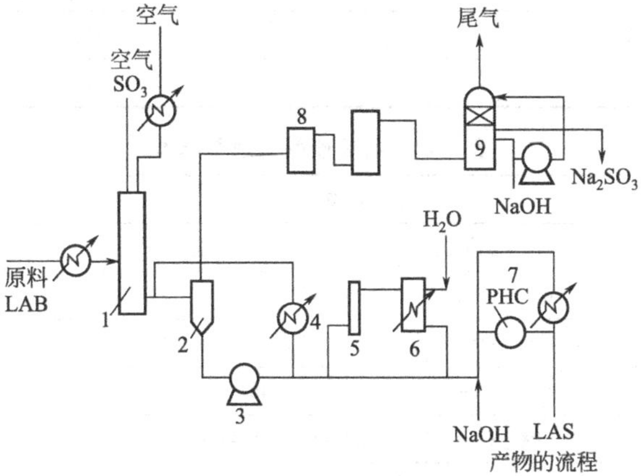

图 2-1　十二烷基磺酸钠制备流程图

1—反应器；2—分离器；3—循环泵；4—冷却器；5—老化器；6—水化器；7—中和器；8—除雾器；9—吸收塔

【安全性】 低毒，半数致死量：1260mg/kg（大鼠经口）。已被国际安全组织认定为安全化工原料，可在水果和餐具清洗中应用。

【参考生产企业】 郑州力迈化工产品有限公司，兄弟科技股份有限公司，南京起源化工等。

B007 石油磺酸钠

【产品名】 石油磺酸钠

【别名】 烷基磺酸钠；石油磺酸钠 T702

【英文名】 sodium alkane sulfonate

【结构式或组成】 $R—SO_3Na$（$R=C_{14}\sim C_{22}$ 烷基）

【物化性质】 石油磺酸钠物化指标见表 2-9。

【质量标准】 石油磺酸钠质量标准见表 2-10。

表 2-9 石油磺酸钠物化指标

外观	棕红色半透明黏稠体
相对密度	1.09
pH 值	7～9
溶解性	溶于水而成半透明液体，对酸碱和硬水都比较稳定
表面张力(25℃,1%)	31mN/m
浊点(25%)	3℃

表 2-10 石油磺酸钠质量标准

项目	国内质量标准						出口标准
型号	乳化型			防锈型			Petroxin-M
	45	55	65	45	55	65	
磺酸钠含量	≥45%	≥55%	≥65%	≥45%	≥55%	≥65%	≥65%
平均分子量	420～500			450～530			450～500
矿物油含量	≤50%	≤40%	≤30%	≤50%	≤40%	≤30%	≤30%
挥发物含量	≤3.0%						≤3.0%
水分含量	≤4.0%						≤4.0%
pH 值	7～8						7～8
无机盐含量	优质品≤1.0%,合格品≤2.0%						≤1.0%
外观	棕褐色半透明黏稠体(随型号增加黏稠度增加)						棕褐色半透明黏稠体

【用途】 主要用作纺织、印染助剂和液体洗涤剂，氯乙烯聚合用乳化剂。表面活性剂 AS，用作阴离子表面活性剂，也可用作洗涤剂、润滑剂、发泡剂。

用于油田三采期的驱油，石油磺酸盐是一种表面活性剂，它与表面活性剂助剂复配，其作用是降低油水界面张力，更好地提高洗油效率。

石油磺酸盐还可用于原油的破乳，用作原油高浓度体系的驱油剂、矿石的浮选剂。

【制法】 工艺步骤如下。

① 磺化。以石油炼油厂 150-500SN 基础油为原料，利用 SO_3 气体磺化。

② 萃取分离。用烷基醇作萃取剂，按质量比酸性油：烷基醇＝0.5～10。

③ 第二次磺化。取萃后油脱水处理后，进行二次磺化。

④ 中和浓缩。把第一次磺化和第二次磺化经萃取剂萃取后的下层液体，用

固体无机碱溶解在烷基醇中，溶解完全后中和，中和后蒸馏浓缩，烷基醇蒸尽后制得石油磺酸盐产品。

【安全性】 无毒。

【参考生产企业】 上海淡宁化工有限公司，南京金悦化工有限公司，江苏省海安石油化工厂等。

B008 三萜皂苷

【产品名】 三萜皂苷引气剂

【英文名】 triterpenoid saponin

【结构式或组成】 皂苷的分子结构如下：

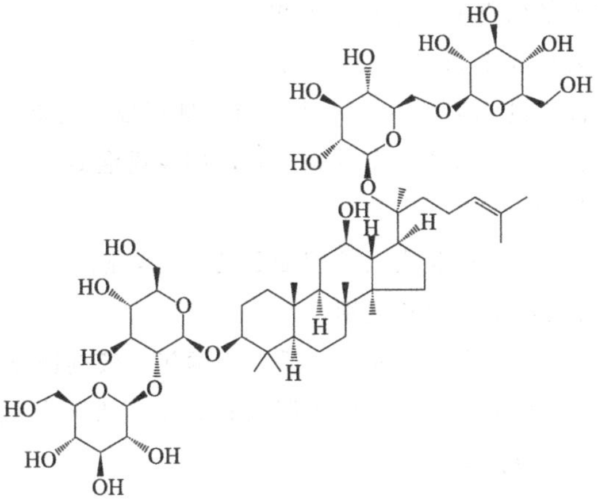

由 30 个碳原子组成的萜类化合物。分子中有 6 个异戊二烯单元，是以 6 分子异戊二烯为单位的聚合体。

【物化性质】 三萜皂苷属于非离子表面活性剂。溶于水后，大分子被吸附于气液界面上，形成两条基团的定向排列，降低气液界面张力。形成较厚的分子膜，气泡壁强度高、有弹性，有利于气泡保持稳定。

目前有粉状和液体两种规格，粉状的呈淡黄色，相对密度约为 1.3，水分含量小于 5%，水不溶物微量，其中含有少量挥发分和糖分，但不影响产品质量和使用。液体产品呈深棕色，不透明，波美度 20°Bé，固体含量大于 45%，沉淀物微量。

【质量标准】 三萜皂苷引气剂质量指标见表 2-11。

表 2-11 三萜皂苷引气剂质量指标

项目	粉末	液体
活性物含量	≥60%	≥35%
表面张力	32.86mN/m	32.86mN/m
水溶性	溶于水	溶于水
起始泡沫高度	≥180mm	≥180mm
pH 值	5.0～7.0	5.0～7.0
固含量	≥45%	≥45%
密度	1.3g/cm³	≥18°Bé

【用途】

① 用于对混凝土耐久性（特别是抗冻耐久性）要求高的混凝土结构中，如水工、港工及道桥等重要工程。

② 北方撒除冰盐的混凝土公路、桥梁。

③ 对施工和易性要求高的混凝土工程。

④ 因其具有极强的水溶性，与其他外加剂具有很强的复合性能，所以是配制泵送剂等其他复合外加剂的重要组成部分，如泵送混凝土。

⑤ 与减水剂复合。

【制法】 利用皂荚植物的豆荚或豆粒榨油后的豆渣，破碎后浸泡，过滤后将滤出液浓缩，熬成膏或加工成粉状使用。

【安全性】 储存于阴凉干燥处，粉剂保质期为两年，液剂保质期为半年。

【参考生产企业】 上海馨扬实业发展有限公司，新沂市飞皇化工有限公司，上虞市舜洋建筑材料有限公司等。

B009 脂肪醇聚氧乙烯醚

【产品名】 脂肪醇聚氧乙烯醚（CAS 号：68131-39-5）

【别名】 聚乙氧基化脂肪醇；平平加

【英文名】 fatty alcohol-polyoxyethylene ether

【分子式】 $C_{12}H_{25}O(C_2H_4O)_n$

【物化性质】 外观：无色透明液体白色膏状（25℃）；熔点：41～45℃；沸点：100℃；闪点：>230 ℉ $\left[\frac{T}{\mathrm{K}}=\frac{5}{9}\left(\frac{\theta}{^\circ\mathrm{F}}+459.67\right)\right.$，$T$、$\theta$ 分别表示热力学温度和华氏温度$\left.\right]$。

【质量标准】 脂肪醇聚氧乙烯醚质量指标见表 2-12。

表 2-12 脂肪醇聚氧乙烯醚质量指标

活性物含量	≥99%
色号	≤50
水分含量	≤1.0%
pH 值	5.5～8.0

【用途】 洗涤行业：作为非离子表面活性剂，起乳化、发泡、去污作用，是洗手液、洗衣液、沐浴露、洗衣粉、洗洁精、金属清洗剂的主要活性成分。

纺织印染行业：作为纺织印染助剂，起乳化作用，用于乳化硅油、渗透剂、匀染剂、丙纶油剂。

造纸行业：作为脱墨剂、毛毯净洗剂、脱树脂剂。

其他如农药乳化剂、原油破乳剂、润滑油乳化剂等。

【制法】 用氢氧化钠作催化剂，长链脂肪醇在无水和无氧气存在的情况下与环氧乙烷发生开环聚合反应，就生成脂肪醇聚氧乙烯醚非离子表面活性剂。

【安全性】 储存于阴凉、通风、干燥处，按一般化学品运输。

皮肤接触：脱去被污染的衣物，用大量流动清水冲洗。

眼睛接触：提起眼睑，用流动清水或生理盐水冲洗，就医。

吸入：迅速脱离现场至空气新鲜处。

食入：低毒，若不慎食入，无须催吐，就医。

危险特性：无严重危害。

有害燃烧产物：一氧化碳。

灭火方法及灭火剂：本品在温度高于着火点时易燃，灭火剂采用雾状水、抗溶性泡沫、干粉、二氧化碳。

【参考生产企业】 上海抚佳化工有限公司，上海晨雨化工有限公司，宜兴市卓越化工有限公司等。

B010 烷基苯酚聚氧乙烯醚

【产品名】 烷基苯酚聚氧乙烯醚

【别名】 烷基酚聚氧乙烯醚；OP-1021 防蜡剂；农乳 100 号

【英文名】 alkyl phenyl polyoxyethylene ether

【分子式】 $C_{35\sim36}H_{64\sim66}O_{10}$

【物化性质】 烷基酚聚氧乙烯醚（APEO）是一种重要的聚氧乙烯型非离子表面活性剂，它具有性质稳定、耐酸碱和成本低等特征，主要用以生产高性能洗涤剂，是印染助剂中最常用的主要原料之一，长期以来在配制洗涤剂、精炼剂、纺丝油剂、柔软剂、毛油和金属清洗剂等各种印染助剂中都需要添加烷基酚聚氧乙烯醚。

【用途】 一类非离子表面活性剂，是乳化剂、渗透剂、洗涤剂、润湿剂等助剂的主要成分，广泛应用于纺织印染加工、塑料与涂料等行业。

【制法】 直链烷烃氯化，生成任意置换的氯代烷，再通过路易斯酸与酚缩合。烯烃通过路易斯酸直接与酚进行加成反应。烷基酚在碱性催化剂下极易氧化烯化。

【安全性】 本品降解缓慢，生物降解率为0～9%，具有类似雌性激素的作用，能危害人体正常激素的分泌。在生产过程中产生有害副产物。本品对眼睛和皮肤有刺激性。

【参考生产企业】 江苏省海安石油化工厂，南京国晨化工有限公司，广州市创塑化工科技有限公司，辽宁华兴集团化工股份公司，南京古田化工有限公司，武汉奥克特种化学有限公司等。

B011 聚醚类引气剂

【产品名】 聚醚类引气剂

【英文名】 polyether based air entraining admixture

【物化性质】 聚醚类引气剂物化指标见表2-13。

表2-13 聚醚类引气剂物化指标

外观	淡黄色黏稠体
pH值	7.5～8.5
含气量	≥3.5%
减水率	>9%(掺量0.004%)
抗压强度比(28d)	≥110%
相对耐久性	冻融200次≥85%
对钢筋锈蚀作用	无

【质量标准】 GB 8076—2008。

【用途】

① 用于配制聚羧酸高性能外加剂，该产品适应性能好，掺量小，减水率高，对混凝土强度影响小，混凝土坍落度经时损失小。可有效减少高效减水剂

掺用量 4%～8%，降低外加剂复配成本。

② 用于配制商品混凝土，能有效抑制水泥粒子二次吸附，减少混凝土坍落度经时损失。

③ 该产品一般掺量为每吨外加剂（泵送剂）0.5～1kg，用于高强混凝土应适量减少用量，低于 C40 混凝土可适量增大掺用量。

④ 与萘系及其他减水剂同样可以复合使用，效果均好于松香类引气剂，掺量为松香类引气剂的 1/4 即可。

【参考生产企业】 祥太化工，上虞市金源工贸有限责任公司，南通广兴建材有限公司等。

C 早强剂

一、术语

早强剂（hardening accelerating admixture）

二、定义

早强剂是指加速混凝土早强强度发展的外加剂。

三、简介

早强剂是重要的混凝土外加剂品种之一。混凝土早强剂是指能提高混凝土早期强度，并且对后期强度无显著影响的外加剂。早强剂的主要作用在于加速水泥水化速率，促进混凝土早期强度的发展。

早强剂与早强减水剂是获得应用较早的外加剂。早在 18 世纪末就有早强剂用于水泥混凝土的记录。19 世纪起氯化钙早强剂就用于混凝土工程中。我国 20 世纪 50—60 年代也大量使用过氯盐早强剂，当时是为了加快混凝土工程的施工进度。

到目前为止，人们已先后开发除氯盐和硫酸盐以外的多种早强型外加剂，如亚硝酸盐、铬酸盐等，以及有机物早强剂，如三乙醇胺、甲酸钙、尿素等，并且在早强剂的基础上，生产应用多种复合型外加剂，如早强减水剂、早强防冻剂和早强型泵送剂等。这些种类的早强型外加剂都已经在实际工程中使用，在改善混凝土性能、提高施工效率和节约投资成本方面发挥了重要作用。由于我国国土面积大，东北、华北、西北地区冬期较长，需要掺加早强剂和早强减水剂来促进混凝土早期强度发展。华东、华南地区冬季气温降至10℃以下的施工中也常掺用早强剂和早强减水剂。混凝土构件生产中为尽早张拉钢筋、加快模板周转和提高台座利用率，早强型的外加剂普遍应用。

早强剂宜用于蒸养、常温、低温和最低温度不低于－5℃环境中施工的有早强要求的混凝土工程。炎热条件以及环境温度低于－5℃时不宜使用早强剂。混凝土工程可采用的早强剂种类主要包括以下几种。

① 无机盐类：硫酸盐、硫酸复盐、硝酸盐、亚硝酸盐、氯盐、硫氰酸盐等。

② 有机化合物类：三乙醇胺、甲酸盐、乙酸盐、丙酸盐等。

③ 复合类：两种或两种以上有机化合物或无机盐的复合物。

早强剂混凝土的技术指标见表3-1。

表3-1　GB 8076—2008中规定的技术要求

项目	泌水率比/%	凝结时间之差/min		抗压强度比/% ≥				收缩率比/%
		初凝	终凝	1d	3d	7d	28d	
指标	≤100	－90～＋90		135	130	110	100	135

早强剂中硫酸钠掺入混凝土的量应符合表3-2的规定，三乙醇胺掺入混凝土的量不应大于胶凝材料质量的0.05%，钢筋混凝土不能使用氯盐早强剂，早强剂在素混凝土中引入的氯离子含量不应大于胶凝材料质量的1.8%。其他品种早强剂的掺量应经试验确定。

表3-2　硫酸钠掺量限值

混凝土种类	使用环境	掺量限值(占胶凝材料质量分数)/% ≤
预应力混凝土	干燥环境	1.0
钢筋混凝土	干燥环境	2.0
	潮湿环境	1.5
有饰面要求的混凝土	—	0.8
素混凝土	—	3.0

C001 硫酸钠

【产品名】 硫酸钠（CAS号：7757-82-6）

【别名】 元明粉；无水芒硝；无水硫酸钠

【英文名】 sodium sulfate

【结构式或组成】 Na_2SO_4

【分子量】 142.06

【物化性质】 外形为无色、透明、大的结晶或颗粒性小结晶，结构为单斜、斜方或六方晶系，熔点 884℃，沸点 1404℃，不溶于乙醇、强酸、铝、镁，溶于水和甘油，水溶液呈碱性。

【质量标准】 GB/T 6009—2014。硫酸钠质量指标见表 3-3。

表 3-3 硫酸钠质量指标

项目	指标					
	Ⅰ类		Ⅱ类		Ⅲ类	
	优等品	一等品	一等品	合格品	一等品	合格品
硫酸钠(Na_2SO_4)质量分数/%	99.3	99.0	98.0	97.0	95.0	92.0
水不溶物质量分数/%	0.05	0.05	0.10	0.20	—	—
钠镁(以 Mg 计)合量质量分数/%	0.10	0.15	0.30	0.40	0.60	—
氯化物(以 Cl 计)质量分数/%	0.12	0.35	0.70	0.90	2.0	—
铁(以 Fe 计)质量分数/%	0.002	0.002	0.010	0.040	—	—
水分质量分数/%	0.10	0.20	0.50	1.0	1.5	—
白度(R457)/%	85	82	82	—	—	—

【用途】 硫酸钠能提高水泥水化速率，能与水泥水化时析出的 Ca（OH)$_2$起反应，从而加速水泥的凝结和硬化过程，提高早期强度。另外，在农业上用作氮肥，用以制硝酸、药物、火药、炸药、烟火、玻璃、颜料、染料等，以及保存食物和腌肉等。还用于金属清洗剂、铝合金热处理剂、烟草助燃剂等。

【制法】 无水芒硝产于含硫酸钠卤水的盐湖中，与芒硝、钙芒硝、泻利盐、白钠镁矾、石膏、盐镁芒硝、岩盐、泡碱等共生；也可由芒硝脱水而成；火山喷气孔周围有少量产出。

1. 方法一（滩田法）

利用自然界不同季节温度变化使原料液中的水分蒸发，将粗芒硝结晶出来。夏季将含有氯化钠、硫酸钠、硫酸镁、氯化镁等成分的咸水灌入滩田，经日晒蒸发，冬季析出粗芒硝。此法是从天然资源中提出芒硝的主要方法，工艺简单，能耗低，但作业条件差，产品中易混入泥沙等杂质。

2. 方法二（机械冷冻法）

利用机械设备将原料液加热蒸发后冷冻至－10～－5℃时析出芒硝。与滩田法相比，此法不受季节和自然条件的影响，产品质量好，但能耗高。

3. 方法三（盐湖综合利用法）

主要用于含有多种组分的硫酸盐-碳酸盐型咸水。在提取各种有用组分的同时，将粗芒硝分离出来。例如加工含碳酸钠、硫酸钠、氯化钠、硼化物及钾、溴、锂的盐湖水，可先碳化盐湖卤水。

在实验室可用氯化钠固体和浓硫酸在加热条件下制取硫酸钠：

$$2NaCl + H_2SO_4 \longrightarrow 2HCl\uparrow + Na_2SO_4$$

或用氢氧化钠与硫酸铜反应制备：

$$2NaOH + CuSO_4 \longrightarrow Na_2SO_4 + Cu(OH)_2\downarrow$$

【安全性】 化学性质稳定，无毒。

极易溶于水。有凉感。味清凉而带咸。在潮湿空气中易水化，转变成粉末状含水硫酸钠覆盖于表面。吸湿，暴露于空气中易吸湿成为含水硫酸钠。241℃时转变成六方形结晶。

健康危害：对眼睛和皮肤有刺激作用。

环境危害：对环境有危害，对大气可造成污染。

燃爆危险：本品不燃，具有刺激性。

【参考生产企业】 海门容汇通用锂业有限公司，合肥东风化工总厂，广饶聚泽化工有限公司等。

C002 硫酸钙

【产品名】 硫酸钙（CAS号：99400-01-8）

【别名】 石膏；无水石膏；硬石膏

【英文名】 calcium sulfate

【结构式或组成】 $CaSO_4 \cdot 2H_2O$

【分子量】 172.17

【物化性质】 正交或单斜晶体或白色晶体粉末，单斜晶体熔点1450℃，1193℃

正交转单斜晶体。密度 2.32g/cm³，微溶于水，难溶于乙醇，溶于强酸，水溶液呈中性。依据其含有结晶水分子数的不同，石膏又分为无水石膏、半水石膏和二水石膏。

溶解度随温度变化而变化，如表 3-4 所示。

表 3-4 硫酸钙溶解度随温度变化数值

温度/℃	0	10	18	30	40	65	75
溶解度	0.233	0.244	0.255	0.264	0.265	0.244	0.234

【质量标准】 GB 1892—2007。硫酸钙质量指标见表 3-5。

表 3-5 硫酸钙质量指标

项目	指标	
	无水硫酸钙($CaSO_4$)	二水硫酸钙($CaSO_4 \cdot 2H_2O$)
硫酸钙($CaSO_4$)质量分数(以干基计)/% ≥	98	98
铅(Pb)质量分数/% ≤	0.0002	0.0002
砷(As)质量分数/% ≤	0.0002	0.0002
氟化物(以 F 计)质量分数/% ≤	0.005	0.003
干燥减量质量分数/% ≤	1.5	19.0～23.0
硒(Se)质量分数/% ≤	0.003	0.003

【用途】 石膏能与水泥中的 C_3A 迅速反应，很快生成钙矾石（$C_3A \cdot 3CaSO_4 \cdot 31H_2O$）晶体，调节水泥的凝结时间，提高了早期强度，还可用作蛋白质固凝剂、酒的风味增强剂、面粉处理剂、酿造用水的硬化剂等。

【制法】 硫酸钙为天然产品，也可由可溶性钙盐的水溶液加稀硫酸或加碱金属硫酸盐制成，还可由氧化钙加三氧化硫制成。

【安全性】 本品安全、无毒。

【参考生产企业】 海门容汇通用锂业有限公司，合肥东风化工总厂，广饶聚泽化工有限公司等。

C003 硫代硫酸钠

【产品名】 硫代硫酸钠（CAS 号：7772-98-7）

【别名】 大苏打

【英文名】 sodium thiosulfate

【结构式或组成】 $Na_2S_2O_3$

【分子量】 158

【物化性质】 硫代硫酸钠为无色单斜结晶或白色结晶粉末，密度 1.729g/cm^3（25℃时），熔点 48℃，沸点 100℃。易溶于水。不溶于醇。

【质量标准】 GB/T 637—2006。硫代硫酸钠质量指标见表 3-6。

表 3-6 硫代硫酸钠质量指标

项目	指标	
	优等品	一等品
硫代硫酸钠($Na_2S_2O_3 \cdot 5H_2O$)质量分数/% ≥	99.0	98.0
水不溶物的质量分数/% ≤	0.01	0.03
硫化物(以 Na_2S 计)的质量分数 ≤	0.001	0.003
铁(Fe)的质量分数/% ≤	0.002	0.003
氯化钠(NaCl)的质量分数/% ≤	0.05	0.20
pH 值(200g/L 溶液)	6.5～9.5	

【用途】 用作混凝土早强剂，提高混凝土早期强度，还可用作纸浆和棉织品漂白后的除氯剂，食品工业用作螯合剂、抗氧化剂，医药工业用作洗涤剂、消毒剂。

氰化物的解毒剂之一（与高铁血红蛋白形成剂合用于氰化物过量中毒），在酶的参与下能和体内游离的（或与高铁血红蛋白结合的）氰离子相结合，使其变为无毒的硫氰酸盐排出体外而解毒。

【制法】 由纯碱溶液与二氧化硫气体反应，加入烧碱中和，加硫化钠除去杂质，过滤，再将硫黄粉溶解在热亚硫酸钠溶液中进行反应，经过滤、除杂质、再过滤、加烧碱进行碱处理，经浓缩、过滤、结晶、离心脱水、筛选，制得硫代硫酸钠成品。工业普遍使用亚硫酸钠与硫黄共煮得到硫代硫酸钠：

$$Na_2SO_3 + S + 5H_2O = Na_2S_2O_3 \cdot 5H_2O$$

再进行重结晶精制。

【安全性】 高温加热后产生的 SO_2 能够和水反应生成亚硫酸，呈中强酸性，具有腐蚀性。对眼睛、皮肤、黏膜和呼吸道有强烈的刺激作用。

避免与皮肤和眼睛接触，储存在阴凉、干燥的库房中，要避光、密封保存。

【参考生产企业】 溧阳市庆丰精细化工有限公司，上海慨诺加进出口有限公司，济宁开创染化科技有限公司等。

C004 硫代硫酸钙

【产品名】 硫代硫酸钙（CAS 号：10124-41-1）
【英文名】 calcium thiosulfate；calcium thiosulfate；tecesal
【结构式或组成】 $CaS_2O_3 \cdot 6H_2O$
【分子量】 152.21（无水）
【物化性质】 硫代硫酸钙为白色晶体，密度 1.872g/cm^3，易溶于水，不溶于醇。
【用途】 用作混凝土早强剂，提高早期强度，还可用作纸浆和棉织品漂白后的除氯剂，食品工业用作螯合剂、抗氧化剂，医药工业用作洗涤剂、消毒剂。
【制法】 由热的氢氧化钙与硫黄的水悬浮液中通入二氧化硫制得。
【安全性】 高温加热后产生的 SO_2 能够和水反应生成亚硫酸，呈中强酸性，具有腐蚀性。对眼睛、皮肤、黏膜和呼吸道有强烈的刺激作用。避免与皮肤和眼睛接触，储存在阴凉、干燥的库房中，要避光、密封保存。
【参考生产企业】 溧阳市庆丰精细化工有限公司，上海慨诺加进出口有限公司，济宁开创染化科技有限公司等。

C005 硫代硫酸镁

【产品名】 硫代硫酸镁（CAS 号：10124-53-5）
【别名】 硫代硫酸镁六水合物
【英文名】 magnesium thiosulfate hexahydrate
【结构式或组成】 $MgS_2O_3 \cdot 6H_2O$
结构式：

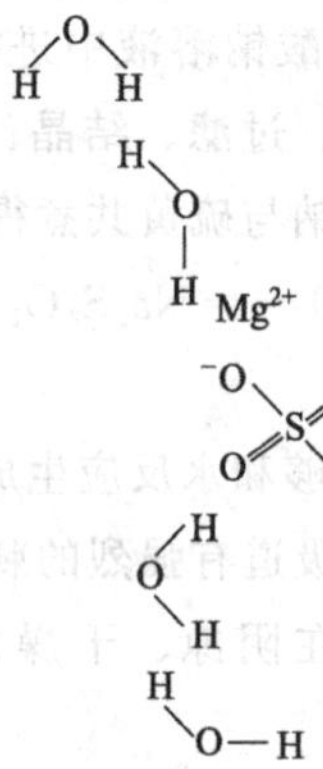

【分子量】 244.53

【物化性质】 无色单斜结晶或白色结晶粉末，无臭，味咸。硫代硫酸镁密度1.818g/cm^3，熔点1700℃，易溶于水，不溶于醇。

【用途】 用作混凝土早强剂，提高早期强度，还可用作纸浆和棉织品漂白后的除氯剂，食品工业用作螯合剂、抗氧化剂，医药工业用作洗涤剂、消毒剂。

【安全性】 高温加热后产生的SO_2能够和水反应生成亚硫酸，呈中强酸性，具有腐蚀性。对眼睛、皮肤、黏膜和呼吸道有强烈的刺激作用。避免与皮肤和眼睛接触，储存在阴凉、干燥的库房中，要避光、密封保存。

【参考生产企业】 溧阳市庆丰精细化工有限公司，上海慨诺加进出口有限公司，济宁开创染化科技有限公司等。

C006 硫酸复盐

【产品名】 硫酸铝钾（CAS号：7784-24-9；10043-67-1）

【别名】 十二水钾明矾；十二水钾铝矾；十二水钾矾；明矾；钾明矾；硫酸铝钾十二水合物；十二水硫酸铝钾

【英文名】 aluminium potassium sulfate dodecahydrate

【结构式或组成】 $KAl(SO_4)_2 \cdot 12H_2O$

【分子量】 474.39

【物化性质】 外观呈无色透明、半透明块状、粒状或结晶状粉末。在空气中易潮解，易溶于水，不溶于醇或丙酮。水合物为无色透明坚硬块状结晶体或粒状结晶体，味涩，具有收敛性，密度为1.769/cm^3，熔点92.5℃，加热至645℃以上失去结晶水形成白色粉末状无水物。水合物在干燥空气中会风化，而在潮湿空气中又会潮解。易溶于水、甘油和稀酸，在水中的溶解度随水温升高而增大，水溶液呈酸性，水解后有氢氧化铝胶体产生。

【质量标准】 GB 1895—2004。硫酸复盐质量指标见表3-7。

【用途】 硫酸盐类通常是强电解质，能提高水泥浆体中的离子强度。在水泥的水化过程中，硫酸盐溶于水与水泥水化产生的氢氧化钙反应生成硫酸钙和氢氧化钠。其中硫酸钙粒度极细，与C_3A反应生成水化硫铝酸钙晶体的速率快。而氢氧化钠作为活性剂使体系的碱性增强，可以提高C_3A和石膏的溶解度，从而增加水泥中硫铝酸钙的数量。另外，硫铝酸钙晶体在生长过程中相互交叉搭接形成水泥初期骨架，又受到C-S-H凝胶和其他水化产物不断填充固化，因此使水泥的早期强度得到明显提高。

表 3-7 硫酸复盐质量指标

项目	指标/%		
	优等品	一等品	合格品
硫酸铝钾[$AlK(SO_4)\cdot 12H_2O$]质量分数(干基计) ≥	99.2	98.6	97.6
铁(Fe)质量分数(干基计) ≤	0.01	0.01	0.05
重金属(以 Pb 计)质量分数 ≤	0.002	0.002	0.005
砷(As)质量分数 ≤	0.0002	0.0005	0.001
水不溶物质量分数 ≤	0.2	0.4	0.6
水分 ≤	1.0	1.5	2.0

【制法】

① 铝矾土法。用硫酸处理铝矾土矿，然后再与硫酸钾反应即可。

② 明矾石法。将明矾石（$3Al_2O_3\cdot K_2O\cdot SO_3\cdot H_2O$）煅烧，然后用硫酸浸取、过滤、蒸发、结晶而得，母液加硫酸钾可回收制得硫酸铝钾。

【安全性】 应储存在阴凉、干燥、通风的库房中，防止雨淋、受潮，防止日晒、受热，防止与有毒、有色、易染物质混储，防止污染。

【参考生产企业】 淄博静波净水材料有限公司，福州旷达化工有限公司，西安惠丰化工厂等。

C007 硝酸钠

【产品名】 硝酸钠（CAS 号：7631-99-4）

【别名】 钠硝石；智利硝石

【英文名】 sodiumn itrate

【结构式或组成】 $NaNO_3$

【分子量】 84.9947

【物化性质】 无色六角晶系晶体，相对密度 2.257，熔点 306.8℃，易溶于水和液氨，微溶于乙醇和甘油，易潮解。分解温度为 380℃，加热到 529℃时分解加剧，硝酸钠为氧化剂，与有机物、硫黄、亚硫酸钠混合在一起会燃烧和爆炸。

【质量标准】 硝酸钠的主要技术指标执行 GB/T 636—2011 标准。硝酸钠质量指标见表 3-8。

表 3-8　硝酸钠质量指标

项　目	分析纯	化学纯
含量($NaNO_3$)/%	≥99.0	≥98.5
pH 值(50g/L,25℃)	5.5～7.5	5.5～7.5
澄清度试验/号	≤3	≤5
水不溶物/%	≤0.004	≤0.01
总氯量(以 Cl^- 计)/%	≤0.0015	≤0.005
碘酸盐(IO_3^-)/%	≤0.0005	≤0.002
硫酸盐(SO_4^{2-})/%	≤0.003	≤0.01
亚硝酸盐(NO_2^-)/%	≤0.0005	≤0.001
铵(NH_4^+)/%	≤0.002	≤0.005
磷酸盐(PO_4^{3-})/%	≤0.0005	≤0.001
钾(K)/%	≤0.005	≤0.01
钙(Ca)/%	≤0.005	≤0.01
铁(Fe)/%	≤0.0001	≤0.0005
重金属(以 Pb 计)/%	≤0.0005	≤0.001

【用途】 具有早强作用，能促进水泥的水化，而且可以改善水化产物孔结构，使砂浆结构趋于密实。主要用于玻璃、陶瓷、炸药、染料、冶金、机械、化学等工业，也可用于食品工业的肉类防腐剂和着色剂。用作分析试剂，如氧化剂，发射光谱分析中的样品添加剂。还用于合成染料、药物，制焰火与炸药。用于搪瓷、玻璃工业、染料中间体及药物、火药的制备等。

【制法】

① 中和法。用硝酸和纯碱反应而得。

② 复分解法。用硝酸钙和硫酸钠或硝酸铵与氢氧化钠反应而得。

【安全性】 使用硝酸钠应注意以下几点。

① 硝酸钠应储存在干燥、通风、阴凉的库房，不可堆放于露天。

② 库温最高不超过 30℃，避免日光直射。

③ 宜专库存放，严禁与酸类、碱类、易燃易爆物品、氧化剂、还原剂以及其他有机物共储混运。

④ 隔绝热源和火种。要保持清洁，地面散落的粉末应随即用扫帚打扫干净。

⑤ 硝酸钠易吸潮，储存期限以不超过六个月为宜。

【参考生产企业】 山东联合化工股份有限公司，文水县振兴化肥有限公司，重庆富源化工股份有限公司等。

C008 硝酸钙

【产品名】 硝酸钙（CAS号：10124-37-5）

【别名】 钙硝石；无水硝酸钙

【英文名】 calcium nitrate；calcium nitrate anhydrous

【结构式或组成】 $Ca(NO_3)_2$

【分子量】 164.09

【物化性质】 白色结晶，易吸湿，加热至132℃分解。易溶于水、乙醇、甲醇和丙酮，几乎不溶于浓硝酸。相对密度 α 型 1.896，β 型 1.82。熔点 α 型 42.7℃，β 型 39.7℃。低毒，半数致死量（大鼠，经口）3900mg/kg。有氧化性，加热放出氧气，遇有机物、硫等即发生燃烧和爆炸。

【质量标准】 HG/T 3733—2004。硝酸钙质量指标见表 3-9。

表 3-9 硝酸钙质量指标

项目		指 标
总氮(N)/%	≥	14.5
水溶性钙(Ca)/%	≥	18.0
游离水(H_2O)/%	≤	3.5
粒度(1.00～4.75mm)/%	≥	80

【用途】 掺入硝酸钙加速水泥水化反应，在低温（5℃）早强效果比较好。在农业上用作肥料，也用于无土栽培营养液添加剂。用于电子、仪表及冶金工业。也用作烟火材料和分析试剂。

硝酸盐、氯盐、硫酸盐和碳酸盐等强电解质类早强剂，严禁用于与镀锌钢材或铝铁相接处部位的混凝土结构，以及有外露钢筋预埋铁件而无防护措施的结构。

【制法】 用硝酸跟氢氧化钙或碳酸钙反应可制得：

$$CaCO_3 + 2HNO_3 \longrightarrow Ca(NO_3)_2 + H_2O + CO_2 \uparrow$$

【安全性】 有强氧化性，跟硫、磷、有机物等摩擦、撞击能引起燃烧或爆炸。

可形成一水合物和四水合物。

加热放出氧，遇有机物、硫黄即发生燃烧和爆炸。对皮肤有刺激和灼烧作用，可使皮肤发红、瘙痒。

工作现场禁止吸烟、进食和饮水。

灭火方法：消防人员须佩戴防毒面具，穿全身消防服，在上风向用雾状水、砂土和各种灭火器扑救。切勿将水流直接射至熔融物，以免引起严重的流淌火灾或引起剧烈的沸溅。

应急处理：小量泄漏，用大量水冲洗，洗水稀释后放入废水系统；大量泄漏，用塑料布、帆布覆盖，然后收集回收或运至废物处理场所处置。

储存注意事项：储存于阴凉、通风的库房。远离火种、热源。保持容器密封。应与氧化剂、还原剂、碱类分开存放，切忌混储。

采用防爆型照明、通风设施。禁止使用易产生火花的机械设备和工具。储区应备有泄漏应急处理设备和合适的收容材料。

运输时要防止雨林和曝晒，严禁与铁桶碰撞。

【参考生产企业】 山东鲁光化工厂，文城县三喜化工有限公司，山西东兴化工有限公司等。

C009 亚硝酸钠

【产品名】 亚硝酸钠（CAS号：7632-00-0）

【别名】 亚钠

【英文名】 sodium nitrite

【结构式或组成】 $NaNO_2$

【分子量】 69.00

【物化性质】 白色至淡黄色粒状结晶或粉末，无味，易潮解，有毒，微溶于醇及乙醚，水溶液呈碱性，pH值约为9。密度（水=1g/cm^3）2.17g/cm^3，熔点271℃，沸点320℃（分解）。属于强氧化剂又有还原性，在空气中会逐渐氧化，表面则变为硝酸钠，也能被氧化剂所氧化；遇弱酸分解放出棕色二氧化氮气体；与有机物、还原剂接触能引起爆炸或燃烧，并放出有毒的刺激性的氧化氮气体；遇强氧化剂也能被氧化，特别是铵盐，如与硝酸铵、过硫酸铵等在常温下即能互相作用产生高热，引起可燃物燃烧。

【质量标准】 GB 2367—2006。亚硝酸钠质量指标见表3-10。

表 3-10 亚硝酸钠质量指标

指标项目	指标		
	优等品	一等品	合格品
亚硝酸钠($NaNO_2$)含量(以干基计)/%	99.0	98.5	98.0
硝酸钠($NaNO_3$)含量(以干基计)/%	0.80	1.00	1.90
氯化钠(NaCl)含量(以干基计)/%	0.10	0.17	—
水不溶物含量(以干基计)/%	0.05	0.06	0.10
水分/%	1.4	2.0	2.5

【用途】 可作为混凝土早强剂，加快水化反应的进行。也可作为丝绸、亚麻的漂白剂，金属热处理剂，钢材缓蚀剂，氰化物中毒的解毒剂，实验室分析试剂，在肉类制品加工中用作发色剂、防微生物剂、防腐剂。在漂白、电镀和金属处理等方面有应用，被称为工业盐。

【制法】

① 用铅还原硝酸钠。加热熔化硝酸钠，加少量金属铅，搅拌并继续加热至铅全部氧化。生成的块状物边冷却边分成小块，用热水萃取生成的氧化铅数次。通入二氧化碳气体使生成碳酸铅沉淀，经过滤，用稀硝酸准确中和滤液后，蒸发、浓缩析出的亚硝酸钠结晶。经吸滤，用乙醇洗涤后干燥，再重结晶精制而得。

② 用烧碱溶液或纯碱吸收硝酸或硝酸盐生产中排出的含有少量NO和NO_2的尾气，尾气中NO/NO_2的比例要调节至使中和液中$NaNO_2$与$NaNO_3$的质量之比在8以下，在吸收过程中中和液应避免出现酸性，以免腐蚀设备。当中和液的相对密度为1.24～1.25、纯碱含量为3～5g/L时送去蒸发，在132℃时吸收液蒸发浓缩，然后冷至75℃，析出亚硝酸钠呈结晶，再经分离、干燥即得产品。反应方程式如下：

$$Na_2CO_3+NO+NO_2 \longrightarrow 2NaNO_2+O_2\uparrow$$

【运输与储存】 亚硝酸钠宜放在低温、干燥、通风的库房内。门窗严密，防止日光直晒。可与硝酸铵以外的其他硝酸盐同库存放，但与有机物、易燃物、还原剂隔离存放，并隔绝火源。

堆码苫垫：货垛应垫高15～30cm。垛高不超过2.5m，保持货垛牢固安全，垛距80～90cm，墙距30～50cm。

温湿度管理：炎热季节严格控制温度，库房可采取密封库的办法，尽量保持库内干燥，干燥季节可自然通风。库内温度在30℃以下，相对湿度在75%以下。

【安全性】 健康危害：毒作用为麻痹血管运动中枢、呼吸中枢及周围血管；形成高铁血红蛋白。

急性中毒表现为全身无力、头痛、头晕、恶心、呕吐、腹泻、胸部紧迫感以及呼吸困难。检查见皮肤黏膜明显紫绀。严重者血压下降、昏迷、死亡。接触手、足部皮肤可发生损害。

由于其具有咸味且价钱便宜，常在非法食品制作时用作食盐的不合理替代品，因为亚硝酸钠有毒，含有工业盐的食品对人体危害很大。

小量泄漏：用洁净的铲子收集于干燥、洁净、有盖的容器中。大量泄漏：收集回收或运至废物处理场所处置。

【参考生产企业】 山东联合化工股份有限公司，文水县振兴化肥有限公司，重庆富源化工股份有限公司等。

C010 亚硝酸钙

【产品名】 亚硝酸钙（CAS号：13780-06-8）

【别名】 亚钙；一水亚硝酸钙

【英文名】 calcium nitrite

【结构式或组成】 $CaNO_2 \cdot H_2O$

【分子量】 150.11

【物化性质】 纯品为无色至淡黄色六方结晶，易潮解。相对密度 $d^{24}=2.23$。溶于水，缓慢溶于乙醇。加热至100℃失去一个结晶水。水溶液呈碱性。

【质量标准】 亚硝酸钙质量指标见表3-11。

表3-11 亚硝酸钙质量指标

指标名称	指标
亚硝酸钙($CaNO_2 \cdot H_2O$)/%	≥98.5
铜(Cu)/%	≤0.001
钠(Na)/%	≤0.01
铅(Pb)/%	≤0.001
锰(Mn)/%	≤0.0004
铵(NH_3)	≤0.008

续表

指标名称	指标
硫酸盐/%	≤0.008
氯化物(以 NaCl 计)/%	≤0.05
水不溶物(以干基计)/%	≤0.04
pH 值(5%溶液)	6~8.5

【用途】 该化合物主要用作水泥混凝土外加剂的主要原料，可配制成混凝土防冻剂、钢筋阻锈剂、早强剂等。该产品从根本上克服了混凝土中碱集料反应及电化学腐蚀的缺陷，改进了混凝土的物理力学性能和耐久性，获得了优质混凝土。

用于医药工业、有机合成和润滑油的腐蚀抑制剂。

【制法】 工业生产采用石灰乳吸收 NO_x 生产亚硝酸钙，有连续法和间歇法。利用稀硝酸生产过程中排出的含硝尾气或用氨气经空气氧化制取 5%～10% NO_x 的混合气体，控制摩尔比，在 40～70℃条件下使气液充分混合接触，使石灰乳不断吸收原料气中的 NO_x，在适当的温度、压力下，通入氨气以降低 NO_x 含量，提高目的产品的含量，然后过滤、蒸发浓缩、冷却结晶、离心分离，即得成品。

【运输与储存】 严禁与酸类、易燃物、有机物、还原剂、自燃物品、遇湿易燃物品等并车混运。

储存于阴凉、通风的库房。远离火种、热源。包装要求密封，不可与空气接触。应与还原剂、酸类、活性金属粉末分开存放，切忌混储。储区应备有合适的材料收容泄漏物。

【安全性】 与有机物混合后引起燃烧爆炸。与氰化物、铵盐的混合后会产生爆炸，加热或遇还原性物质能分解释放出氮氧化物，大量经口摄入人体会中毒。皮肤接触其溶液的极限浓度是 1.5%，大于此浓度皮肤会发炎，出现斑疹。误服本品 3g 可致眩晕、呕吐，处于意识丧失状态。空气中亚硝酸钠气溶胶最高允许浓度为 0.05mg/L。生产人员操作时要注意防护，戴口罩等劳保用品。生产设备要密闭，车间通风要良好。

【参考生产企业】 杭州龙山化工有限公司，四川金象化工股份有限公司，山东鲁光化工厂等。

C011 氯化钠

【产品名】 氯化钠（CAS号：7647-14-5）

【别名】 食盐

【英文名】 sodium chloride

【结构式或组成】 NaCl

结构：

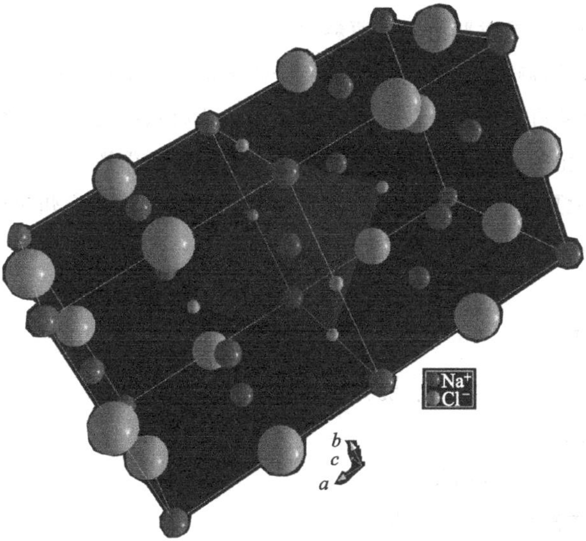

【物化性质】 氯化钠是白色无臭结晶粉末，密度 2.165g/cm³，熔点 801℃，沸点 1413℃，易溶于水，溶于乙醇。

【质量标准】 GB/T 5462—2003。氯化钠质量指标见表 3-12。

表 3-12 氯化钠质量指标

指标名称		日晒工业盐			精制工业盐		
		优级	一级	二级	优级	一级	二级
氯化钠/%	≥	96.00	94.50	92.00	99.10	98.5	97.50
水分/%	≤	3.00	4.10	6.00	0.30	0.50	0.80
水不溶物/%	≤	0.20	0.30	0.40	0.05	0.10	0.20
钙镁离子/%	≤	0.30	0.40	0.60	0.25	0.40	0.60
硫酸根离子/%	≤	0.50	0.70	1.00	0.30	0.50	0.90

【用途】 水泥中的 C_3A 与氯化物反应生成的水化氯铝酸盐不溶于水，能够促进 C_3A 水化。水泥水化产生的氢氧化钙与氯化物反应，生成的氯氧酸钙难溶于水，能降低氢氧化钙的浓度，加速体系中 C_3S 的水化反应，而生成的复盐产物会提高浆体中固相的比例，有利于形成坚固的水泥石结构。同时，氯化物通常易溶于水，带来的盐效应会加大水泥中矿物的溶解度，促进各水泥矿物的水化反应速率，从而缩短水泥混凝土的硬化时间。

氯化钠可用来制取氯气、氢气、盐酸、氢氧化钠、氯酸盐、次氯酸盐、漂白粉及金属钠等，是重要的化工原料。

可用于食品调味和腌鱼肉蔬菜，用于临床治疗和生理实验。

【制法】 氯化钠可用电渗析法制取，利用电力使海水中的氯化钠浓缩。

【安全性】 氯化钠遇火不燃烧，不分解，可被污染或熏黑。

【参考生产企业】 天津渤海化工有限责任公司天津碱厂，广州市曙光化工有限公司，天津市津科精细化工研究所等。

C012 氯化钙

【产品名】 氯化钙（CAS号：25094-02-4）

【别名】 无水氯化钙

【英文名】 calcium chloride

【结构式或组成】 $CaCl_2$，$CaCl\cdot 2H_2O$

【分子量】 110.99，147.02

【物化性质】 氯化钙为白色或灰白色立方结晶体，熔点 782℃，沸点 1600℃，易溶于水，溶于乙醇。

【质量标准】 GB/T 26520—2011。氯化钙质量指标见表 3-13。

表 3-13 氯化钙质量指标

项目	指标				
	无水氯化钙		二水氯化钙		液体氯化钙
	Ⅰ型	Ⅱ型	Ⅰ型	Ⅱ型	
氯化钙($CaCl_2$)含量/%	94.0	90.0	77.0	74.0	12～40
碱度[以 $Ca(OH)_2$ 计]/%	0.25		0.20		0.20
总碱金属氯化物(以 NaCl 计)/%	6.0		5.0		11.0

续表

项目	指标				
	无水氯化钙		二水氯化钙		液体氯化钙
	Ⅰ型	Ⅱ型	Ⅰ型	Ⅱ型	
水不溶物/%	0.25		0.15		
铁(Fe)/%	0.006		0.006		
pH 值	7.5～11.0				
总镁(以 $MgCl_2$ 计)/%	0.5				
硫酸盐(以 $CaSO_4$ 计)/%	0.05				

【用途】 氯化钙溶于水会加大水泥中矿物的溶解度，促进各水泥矿物的水化反应速率，从而缩短水泥混凝土的硬化时间。氯化钙可用作稳定和凝固剂、钙强化剂、螯合剂、干燥剂、冷冻用制冷剂。

【制法】 氯化钙可由碳酸钙与盐酸反应制得。也可由氨碱法制纯碱时的母液经蒸发、浓缩、冷却、固化而成。

【安全性】 氯化钙遇火不燃烧，不分解，可被污染或熏黑。

【参考生产企业】 天津渤海化工有限责任公司天津碱厂，广州市曙光化工有限公司，天津市津科精细化工研究所等。

C013 氯化铝

【产品名】 氯化铝（CAS 号：7446-70-0）

【别名】 三氯化铝

【英文名】 aluminum chloride

【结构式或组成】 $AlCl_3$

【分子量】 133.34

【物化性质】 氯化铝是白色粉末或六方晶系颗粒晶体，熔点 194℃，沸点为 180℃。易溶于水，溶于乙醇

【质量标准】 GB/T 3959—2008。氯化铝质量指标见表 3-14。

【用途】 氯化铝可缩短水泥混凝土的硬化时间。氯化铝用于石油裂解、合成染料、橡胶、洗涤剂、香料、农药等工业。

【制法】 实验室用铝和盐酸在常温条件下制备（$2Al+6HCl \xlongequal{} 2AlCl_3+3H_2\uparrow$）。在加热条件下可以加速制备。

表 3-14　氯化铝质量指标

项　目	指　标		
	优等品	一等品	合格品
氯化铝($AlCl_3$)质量分数/%	99.2	98.8	98.5
铁(以 $FeCl_3$ 计)质量分数/%	0.04	0.05	0.08
水不溶物质量分数/%	0.05	0.10	0.30
重金属(以 Pb 计)质量分数/%	0.006	0.02	0.04
游离铝质量分数/%	0.010		

工业上在常温条件下用碳氯化法制取（$Al_2O_3+3C+3Cl_2 = 2AlCl_3+3CO$）。

【安全性】 工业无水氯化铝应储存在通风、阴凉、干燥的库房内，防止雨淋、受潮。严禁与食用物品、有机物及酸类物品混储。

【参考生产企业】 天津渤海化工有限责任公司天津碱厂，广州市曙光化工有限公司，天津市津科精细化工研究所等。

C014 氯化钾

【产品名】 氯化钾（CAS 号：7447-40-7）

【英文名】 potassium chloride

【结构式或组成】 KCl

【分子量】 74.55

【物化性质】 无色结晶或白色粉末，无臭，相对密度 1.987，熔点 773℃。易溶于水，微溶于乙醇，稍溶于甘油，不溶于浓盐酸、乙醚和丙酮。有吸湿性，易结块。

【质量标准】 GB 6549—2011。氯化钾质量指标见表 3-15。

表 3-15　氯化钾质量指标

指标名称		优级品	一级品	二级品
氯化钾/%	≥	93.00	90.00	87.00
氯化钠/%	≤	2.00	3.80	5.00
镁离子/%	≤	0.35	0.45	0.60
硫酸根/%	≤	1.00	1.50	2.50

【用途】 可以缩短水泥混凝土的硬化时间；农业上用作钾肥（含钾50%～60%），肥效快，增产效果明显，可作基肥和追肥；工业上用作制造其他钾盐的原料；医学上用于维持细胞内渗透压和酸碱平衡，抑制心肌自律性，防治低钾血症。

【制法】 原料是盐田苦卤和浓厚卤。经兑卤、蒸发澄清、结晶、分解、洗涤、脱水等工序而制成氯化钾。

【安全性】 氯化钾遇火升华逸失，并分解成氧化铝和氯。

【参考生产企业】 天津渤海化工有限责任公司天津碱厂，广州市曙光化工有限公司，天津市津科精细化工研究所等。

C015 硫氰酸钠

【产品名】 硫氰酸钠（CAS号：540-72-7）

【别名】 硫氰化钠

【英文名】 sodium sulfocyanate；sodium rhodanide；sodium thiocyanate；haimased；natriumrhodanid；scyan

【结构式或组成】 NaSCN

【分子量】 81.0722

【物化性质】 硫氰酸钠是白色斜方晶系结晶或粉末。密度1.735g/cm^3，熔点287℃，在空气中易潮解，遇酸产生有毒气体。易溶于水、乙醇、丙酮等溶剂。水溶液呈中性，与铁盐生成血色的硫氰化铁，与亚铁盐不反应，与浓硫酸生成黄色的硫酸氢钠，与钴盐作用生成深蓝色的硫氰化钴，与银盐或铜盐作用生成白色的硫氰化银沉淀或黑色的硫氰化铜沉淀。

【质量标准】 HG/T 3812—2006 工业硫氰酸钠，沪Q/HGI-074-88。硫氰酸钠质量指标见表3-16。

表3-16 硫氰酸钠质量指标

指标名称	指 标
硫氰酸钠(NaSCN,合成法)/%	≥95
盐酸盐(Cl^-)/%	≤0.05
硫酸盐/%	≤0.075
其他硫化物/%	≤0.005
水不溶物/%	≤0.005

【用途】 用作水泥早强剂，还可用作聚丙烯腈纤维抽丝溶剂、化学分析试剂、

彩色电影胶片冲洗剂、某些植物脱叶剂以及机场道路除莠剂。还用于制药、印染、橡胶处理、黑色镀镍及制造人造芥子油。

【制法】 复分解法将硫氰酸铵溶液与氢氧化钠溶液进行复分解反应，生成三水的硫氰酸钠，在氨液中经结晶分离得硫氰酸钠成品。其化学反应式为：

$$NH_4SCN + NaOH \longrightarrow NaSCN + H_2O + NH_3\uparrow$$

【安全性】 硫氰酸钠在室温下稳定。在空气中易潮解，储存于阴凉、干燥处。应注意防潮、勿压，防止开盖与破桶，需要密闭储存。

避免接触强酸类、强氧化剂。不可与酸和食用物品共储混运。遇酸会发出有毒气体，运输时要防雨淋和日光曝晒。

失火时，用水、砂土灭火。

毒性及防护：慢性中毒时出现甲状腺损伤。内服后会发生类似精神分裂症，伴有定向力障碍、幻觉及急性胃炎。

属于无机有毒品。

该产品属于高环境风险的产品。

【参考生产企业】 上海南汇化工一厂，大庆石化总厂，湖南洞口县农药厂等。

C016 硫氰酸钙

【产品名】 硫氰酸钙（CAS 号：2079-16-2）

【别名】 硫氰化钙

【英文名】 calcium thiocyanate

【结构式或组成】 $Ca(SCN)_2$

【分子量】 228.307

【物化性质】 白色吸湿性结晶或粉末，溶于水、醇、丙酮。加热到 160℃ 以上分解。

【质量标准】 硫氰酸钙含量≥95％。

【用途】 硫氰酸钙建筑上用作水泥添加剂，提高早期强度。还可用作农药、医药、电镀、纺织、建筑等行业纤维素和聚丙烯酸酯的溶剂，用于造纸、织物的增泡剂，提取大豆蛋白质，处理醋酸纤维，改进纤维的结构，织物硬化剂，也可用于丙烯腈聚合物。

【制法】 复分解法利用硫氰酸铵溶液与氢氧化钙溶液进行复分解反应，生成三水的硫氰酸钙，在氨液中经结晶分离得硫氰酸钙成品。其化学反应式为：

$$2NH_4SCN + Ca(OH)_2 \longrightarrow Ca(SCN)_2 + 3H_2O + 2NH_3 \uparrow$$ 。

【安全性】 硫氰酸钙用内衬聚乙烯塑料袋的干燥塑料桶或胶合板桶包装。属于无机有毒品。本品在空气中易潮解，储存于阴凉、干燥处。应注意防潮、勿压，防止开盖与破桶。不可与酸和食用物品共储混运。运输时要防雨淋和日光曝晒。失火时，用水、砂土灭火。

毒性及防护：慢性中毒时出现甲状腺损伤。内服后会发生类似精神分裂症，伴有定向力障碍、幻觉及急性胃炎。

【参考生产企业】 上海试四赫维化工有限公司，太原天熙贸易有限公司，河南淇县殷都化工厂等。

C017 碳酸钠

【产品名】 碳酸钠（CAS号：497-19-8）

【别名】 纯碱；苏打

【英文名】 sodium carbonate

【结构式或组成】 Na_2CO_3

【分子量】 105.99

【物化性质】 白色粉状结晶，相对密度2.4～2.5。熔点850℃，易吸湿结块，易溶于水和甘油。

【质量标准】 GB 210—2004。碳酸钠质量指标见表3-17。

表3-17 碳酸钠质量指标

指标项目		Ⅰ类	Ⅱ类		
		优等品	优等品	一等品	合格品
总碱量(以干基的 $NaCO_3$ 计)/%	≥	99.4	99.2	98.8	98.0
总碱量(以湿基的 $NaCO_3$ 计)/%	≥	98.1	97.9	97.5	96.7
氯化钠(以干基的 NaCl 计)/%	≤	0.30	0.70	0.50	1.20
铁(Fe,干基计)/%	≤	0.003	0.0035	0.006	0.010
硫酸盐(以干基的 SO_4 计)/%	≤	0.03	0.03	—	—
水不溶物/%	≤	0.02	0.03	0.10	0.15
堆积密度/(g/mL)	≥	0.85	0.90	0.90	0.90

【用途】 本品为粉末状早强剂，简化水泥黏土制品的施工工艺。广泛应用于轻工日化、建材、化学工业、食品工业、冶金、纺织、石油、国防、医药等领

域，用作制造其他化学品的原料、清洗剂、洗涤剂。

【制法】 实验室法制取碳酸钠：

$$2NaOH + CO_2 = Na_2CO_3 + H_2O$$

【安全性】 该品具有弱刺激性和弱腐蚀性。直接接触可引起皮肤和眼灼伤。生产中吸入其粉尘和烟雾可引起呼吸道刺激和结膜炎，还可有鼻黏膜溃疡、萎缩及鼻中隔穿孔。长时间接触该品溶液可发生湿疹、皮炎、鸡眼状溃疡和皮肤松弛。接触该品的作业工人呼吸器官疾病发病率升高。误服可造成消化道灼伤、黏膜糜烂、出血和休克。

【参考生产企业】 南京英诚化工有限公司，温州市华侨化学试剂有限公司，中山市同乐化工公司等。

C018 碳酸钾

【产品名】 碳酸钾（CAS 号：497-19-8）

【别名】 钾碱

【英文名】 potassium carbonate

【结构式或组成】 K_2CO_3

【分子量】 138.21

【物化性质】 具有无水物和含 1.5 分子水的两种结晶体。无水物为白色粉末，水合物（$K_2CO_3 \cdot 3/2H_2O$ 或 $2K_2CO_3 \cdot 3H_2O$）为白色、半透明细小晶体或颗粒。无臭，带强碱性。相对密度 2.19，熔点 891℃。极易潮解，吸湿性强，可作干燥剂。极易溶于水（113.59g/100mL，25℃），10% 水溶液的 pH 值为 11.6。不溶于乙醇。

【质量标准】 GB/T 1587—2000。碳酸钾质量指标见表 3-18。

表 3-18 碳酸钾质量指标

指标名称		一级	二级	三级
碳酸钾(K_2CO_3)/%	≥	98.5	96.0	93.0
氯化钾(KCl)/%	≤	0.20	0.50	1.5
硫化合物(以 K_2SO_4 计)/%	≤	0.15	0.25	0.50
磷(P)/%	≤	0.05	0.10	—
铁(Fe)/%	≤	0.004	0.02	0.05

续表

指标名称		一级	二级	三级
水不溶物/%	≤	0.05	0.10	0.50
灼烧失量/%	≤	1.00	1.00	1.00

【用途】 可用作混凝土早强剂，广泛应用于轻工日化、建材、化学工业、食品工业、冶金、纺织、石油、国防、医药等领域，用作制造其他化学品的原料、清洗剂、洗涤剂。

【制法】

① 将植物灰化，经用温水浸提，过滤，浓缩滤液而得到粗制品。

② 氯化钾溶液与碳酸镁及二氧化碳作用得碳酸氢钾和碳酸镁，在高压下添加热水分解，或者与氢氧化镁或氧化镁于约 40℃搅拌混合，过滤反应物，将滤液真空浓缩至一半数量，放冷后析出 $K_2CO_3 \cdot 3/2H_2O$ 结晶。此法所得为纯产品。

③ 电解氯化钾溶液得氢氧化钾，通入二氧化碳得碳酸氢钾，再经煅烧分解而得。

【安全性】 吸入本品对呼吸道有刺激作用，出现咳嗽和呼吸困难等。对眼有轻度到中度刺激作用，引起眼疼痛和流泪。皮肤接触有轻度到中度刺激性，出现痒、烧灼感和炎症。大量摄入对消化道有腐蚀性，导致胃痉挛、呕吐、腹泻、循环衰竭，甚至引起死亡。本品不燃，具腐蚀性、刺激性，可致人体灼伤。

【参考生产企业】 文水县振兴化肥有限公司，成都化工股份有限公司，浙江大洋化工股份有限公司等。

C019 三乙醇胺

【产品名】 三乙醇胺（CAS 号：102-71-6）

【别名】 2,2′,2″-次氮基三乙醇；2,2′,2″-三羟基三乙胺；氨基三乙醇；三羟乙基胺；三（2-羟乙基）胺；三羟基三乙胺

【英文名】 triethanolamine；tris（2-hydroxyethyl）amine；triethanolamine（2-hydroxyethyl）amine；trolamine；2,2′,2″-nitrilotriethanol；1,1′,1″-nitrilotriethanol

【结构式或组成】 $(HOCH_2CH_2)_3N$

【分子量】 149.1882

【物化性质】 无色至淡黄色、微氨味的黏稠液体，低温时成为无色至淡黄色立方晶系晶体。熔点 21.2℃，沸点 335℃，露置于空气中时颜色渐渐变深。易溶于水、乙醇、丙酮、甘油及乙二醇等，微溶于苯、乙醚及四氯化碳等，在非极性溶剂中几乎不溶解。

【质量标准】 HG/T 3268—2002《工业用三乙醇胺》。工业用三乙醇胺主要性能指标见表 3-19。

表 3-19 工业用三乙醇胺主要性能指标

项目	指标	
	Ⅰ型	Ⅱ型
纯度(含量)	≥99.0%	75.5%
单/双乙醇胺(含量)	≤1.0%	—
水分	≤0.5%	—

【用途】 三乙醇胺掺入混凝土后，能促进水泥化合物胶体的极端活泼性，有加剧吸附、湿润、分散等作用；此外，能使胶体粒子膨胀，对周围产生压力，这种压力破坏了混凝土毛细管通道，提高混凝土的密实性。因此，三乙醇胺能起早强作用，又能提高混凝土的抗渗性能。在水泥水化过程中，三乙醇胺由于N原子的一对未共用电子，可以与 Ca^{2+} 和 Fe^{3+} 等生成易溶于水的络合离子，提高了水泥颗粒表面的可溶性，阻碍了 C_3A 表面形成水化初期不渗透层，促进了 C_3A 和 C_4AF 的溶解，加速其与石膏反应生成硫铝酸钙。同时这个反应也降低了液相中钙离子和铝离子的浓度，进一步促进了 C_3S 的水化，从而促使混凝土早期强度增长。主要用于表面活性剂、洗涤剂、稳定剂、乳化剂、织物软化剂、润滑油抗腐蚀添加剂、水泥增强剂和润滑剂等。

【制法】 在装有搅拌器的 200mL 平底烧瓶中，加入 25% 的氨水 150g，充氮驱尽空气后，在温度不超过 25～30℃ 的条件下，通入 100g 环氧乙烷。然后于 25～30℃保温 1h。常压蒸馏除水及低沸物后，减压蒸馏，收集 240～285℃、150×133.3Pa（油浴温度）的馏分即为粗品。将粗品再次减压蒸馏，收集 277～279℃、150×133.3Pa 的馏分，得纯品三乙醇胺 90%～95%。

由环氧乙烷与氨水按下式反应制备得到：

$$3H_2C—CH_2O + NH_3 \cdot H_2O = N(CH_2CH_2OH)_3 + H_2O$$

【安全性】 三乙醇胺对眼睛有刺激性，但比一乙醇胺弱，对皮肤的刺激性也很小。应存放在阴凉、干燥、通风良好的不燃材料库房内，远离火种、热源、防止阳光直射。要与酸类、氧化剂分开储运。

【参考生产企业】 江苏银燕化工股份有限公司，邢台盛达助剂有限责任公司，嘉兴金燕化工有限公司等。

C020 二乙醇胺

【产品名】 二乙醇胺（CAS号：111-42-2）

【别名】 2,2′-二羟基二乙胺；2,2′-亚氨基二乙醇

【英文名】 diethylolamine；2-((2-hydroxyethyl) amino) ethanol;；2-(2-hydroxyethyl amino) ethanol

【结构式或组成】 $(CH_2CH_2OH)_2NH$

【分子量】 105.14

【物化性质】 无色至浅黄色稠性液体或白色结晶，微有氨味，熔点28℃，沸点267～269℃，相对密度（30℃）1.08～1.09。易溶于水、乙醇，不溶于苯和乙醚，有吸湿性。

【质量标准】 美国亨斯迈（Huntsman）公司和抚顺北方化工有限责任公司的二乙醇胺产品规格为：色度（Pt-Co）≤20，二乙醇胺含量≥99.0%，一乙醇胺含量≤0.5%，三乙醇胺含量≤0.5%，水分含量≤0.15%，氨基当量104.0～106.0。市场还有80%～95%纯度的二乙醇胺水溶液产品。例如美国空气产品公司DabcoDEOA-LF的组成为85%二乙醇胺和15%水，蒸气压（21℃）为466.62Pa，沸点为129℃，相对密度为1.09。执行HG/T 2916—1997《工业用二乙醇胺》标准。二乙醇胺质量指标见表3-20。

表3-20　二乙醇胺质量指标

指标名称		Ⅰ型	Ⅱ型
二乙醇胺含量/%	≥	98.0	90.0
一乙醇胺＋三乙醇胺含量/%	≤	2.5	4.0
相对密度		1.090～1.095	
水分/%	≤	1.0	

【用途】 用作分析试剂、酸性气体吸收剂，用于焦煤气等工业的净化，并可循环使用。也用于制洗涤剂、擦光剂、润滑剂、软化剂、表面活性剂等，还可用于有机合成。在洗发剂和轻型去垢剂内用作增稠剂泡沫改进剂，在合成纤维和皮革生产中用作柔软剂。二乙醇胺与70%硫酸作用，脱水环化生成吗啉（即1,4-氧氮杂环己烷）。

【制法】 由氯乙醇或环氧乙烷与氨作用而得。

【安全性】 属于低毒类，遇明火、高热可燃。与强氧化剂可发生反应。胺热分

解放出有毒氧化氮烟气。储存于阴凉、通风的库房，远离火种、热源。包装密封。应与氧化剂、酸类等分开存放，切忌混储。配备相应品种和数量的消防器材。储区应备有泄漏应急处理设备和合适的收容材料。

【参考生产企业】 抚顺北方化工有限责任公司，常州市宇平化工有限公司，韩国 KPX 绿色化工株式会社等。

C021 乙醇胺

【产品名】 乙醇胺（CAS 号：141-43-5）

【别名】 2-羟基乙胺；2-氨基乙醇；一乙醇胺；单乙醇胺；1-氨基乙醇；2-氨基乙醇；氨基乙醇；乙醛合氨乙醇胺

【英文名】 ethanolamine

【结构式或组成】 $HO(CH_2)_2NH_2$

【分子量】 61.08

【物化性质】 在室温下为无色透明的黏稠液体，有吸湿性和氨臭。熔点 10.5℃，沸点 170.5℃。能与水、乙醇和丙酮等混溶，微溶于乙醚和四氯化碳。

【质量标准】 HG/T 2915—1997。乙醇胺质量指标见表 3-21。

表 3-21 乙醇胺质量指标

指标名称	Ⅰ型	Ⅱ型	Ⅲ型
总胺量(以一乙醇胺计)/% ≥	99.0	95.0	80.0
蒸馏试验(0℃,101325Pa),168～174℃蒸出体积/mL ≥	95	65	45
水分/% ≤	1.0		
密度(ρ_{20})/(g/cm³)	1.014～1.019		
色度(Hazen,铂-钴色号) ≤	25		

【用途】 一乙醇胺主要用作合成树脂和橡胶的增塑剂，硫化剂、促进剂和发泡剂，以及农药、医药和染料的中间体，也是合成洗涤剂、化妆品的乳化剂等的原料。纺织工业作为印染增白剂、抗静电剂、防蛀剂、清净剂。也可用作二氧化碳吸收剂、油墨助剂、石油添加剂。一乙醇胺广泛用作从各种气体（如天然气）中提取酸性组分的净化液。

【制法】 乙醇胺可由氨与环氧乙烷反应制得。

【安全性】 中毒，遇明火、高温、强氧化剂可燃；遇强酸起反应放热；燃烧排放有毒氮氧化物和氨烟雾。包装完整，轻装轻放；库房通风，远离明火、高温，与氧化剂、强酸分开存放。

【参考生产企业】 郑州诚祥化工科技有限公司，茂名市德宝经贸有限公司，青岛正业试剂仪器有限公司等。

C022 甲酸钙

【产品名】 甲酸钙（CAS号：544-17-2）

【别名】 蚁酸钙

【英文名】 calcium formate

【结构式或组成】 $Ca(HCOO)_2$

【分子量】 136.2

【物化性质】 白色结晶或结晶性粉末，不潮解，无毒。溶于水，不溶于乙醇，400℃分解。

【质量标准】 Q/WST011-91。甲酸钙质量指标见表3-22。

表3-22 甲酸钙质量指标

指标名称		优级品	合格品
含量/%	≥	99.0	98.0
重金属(以Pb计)/%	≤	0.002	0.002
砷(以As计)/%	≤	0.002	0.002
pH值(10%水溶液)		7.0～7.5	
水不溶物/%	≤	0.15	0.20
干燥失重/%	≤	0.50	1.00

【用途】 甲酸钙对混凝土强度的影响在于可以改变混凝土系统中硅酸三钙的浓度。甲酸钙能降低体系中的pH值，提高C_3S的水化速率，同时可以提高液相中Ca^{2+}的浓度，使硅酸钙溶出速率加快，而同离子效应会加快结晶速率，增加砂浆中固相比例，有利于形成水泥石结构，从而使水泥早期强度提高。可用作饲料添加剂、酸化剂、植物生长调节剂，还具有防霉保鲜作用，还可作为煤砖黏合剂、润滑剂、早强剂等。

【制法】

① 石灰乳和CO在加压、加热条件下反应制得。

② 甲酸和石灰乳中和制得。

【安全性】 本品无毒，但有刺激性，一般认为是安全的（FDA，1985）。本品宜置于密闭容器中，储存于阴凉、干燥处。

【参考生产企业】 济南同创化工有限公司，沈阳市北丰化学试剂厂，山东省化工研究院等。

C023 乙酸钠

【产品名】 乙酸钠（CAS 号：乙酸钠 6505-45-9；三水合乙酸钠 6131-90-4）

【别名】 醋酸钠

【英文名】 sodium acetate trihydrate

【结构式或组成】 CH_3COONa

【物化性质】 无色透明单斜晶系棱柱状结晶或白色结晶性粉末，无臭或稍带醋气味，略苦，于干燥热空气中易风化。密度 1.45g/cm^3，加热至 58℃溶于结晶水中，至 120℃失去结晶水而成白色粉末，315℃以上时熔融并分解成碳酸钠。易溶于水、丙酮等，溶于乙醇，不溶于乙醚。

【质量标准】 GB 30603—2014《食品安全国家标准 食品添加剂 乙酸钠》。乙酸钠质量指标见表 3-23。

表 3-23 乙酸钠质量指标

项目	指标	
	JECFA(2006)	FCC(7)
含量(干燥后)/%	≥98.5	99.0～101.0
酸碱度	检验合格	≤0.2%(无水化合物)
		≤0.05%(三水化合物)
铅/(mg/kg) ≤	2	2
干燥失重/% ≤	2.0(无水物;120℃,4h)	1.0(无水物)
	36～42(三水物;120℃)	36.0～41.0(三水物)
含钾化合物	—	检验合格
pH(1%)	8.0～9.5	—
钠	检验合格	—
钾	阴性	—

【用途】 主要用于印染工业、医药、照相、电镀、化学试剂及有机合成等。

【制法】 用结晶醋酸钠中和醋酸，过滤后蒸发、冷却、结晶，在常温下干燥而成。

【安全性】 避免与皮肤及眼睛接触。

【参考生产企业】 保定油脂化工厂，南通醋酸厂，吉林龙井化工厂等。

C024 碳酸锂

【产品名】 碳酸锂（CAS号：553-13-2）

【别名 】 高纯碳酸锂

【英文名】 lithium carbonate

【结构式或组成】 Li_2CO_3

【物化性质】 无色单斜晶系结晶体或白色粉末。密度 2.11g/cm^3，熔点 723℃（1.013×10^5 Pa）。溶于稀酸，微溶于水。

【质量标准】 GB/T 23853—2009。碳酸锂质量指标见表 3-24。

表 3-24 碳酸锂质量指标

项目		指标		
		优等品	一等品	合格品
碳酸锂(Li_2CO_3 干基计)/%	≥	99.2	99.0	98.5
钠(Na)/%	≤	0.10	0.15	0.20
钾(K)/%	≤	0.0030	0.0040	0.0080
铁(Fe)/%	≤	0.0015	0.0035	0.0070
钙(Ca)/%	≤	0.025	0.035	0.070
镁(Mg)/%	≤	0.015	0.035	0.050
硼(B)/%	≤	0.006	0.012	0.018
硫酸根(SO_4^{2-})/%	≤	0.20	0.35	0.50
氯化物(以 Cl^- 计)/%	≤	0.05	0.08	0.10
盐酸不溶物/%	≤	0.005	0.015	0.050
干燥减量/%	≤	0.5	0.6	0.8

【用途】 锂盐早强剂通过加快水化保护膜破裂使水化诱导期缩短的方式提高了油井水泥中 C_3S、C_2S 低温水化能力，明显缩短了油井水泥的低温稠化时间，提高了水泥低温抗压强度，表现出优异的低温早强功效。

【制法】 将锂辉石和石灰石高温烧结生成铝酸锂再浸出氢氧化锂溶液，与碳酸钠反应制得。也可利用卤水经提取氯化钡后的含锂料液，经纯碱除钙、镁离子，用盐酸酸化，再与纯碱反应制得。

【安全性】 误服中毒后，主要损及胃肠道、心脏、肾脏和神经系统。中毒表现有恶心、呕吐、腹泻、头痛、头晕、嗜睡、视力障碍、口唇、四肢震颤、抽搐和昏迷等。储存于阴凉、通风的库房，远离火种、热源，防止阳光直射，包装密封，应与氧化剂、酸类、氟分开存放，切忌混储，储区应备有合适的材料收容泄漏物。

【参考生产企业】 四川省尼科国润新材料有限公司，青海锂业有限公司，中信国安锂业科技有限责任公司等。

D 缓凝剂

一、术语

缓凝剂（setretarder）

二、定义

缓凝剂是一种延长混凝土凝结时间的外加剂。

三、简介

缓凝剂是一种能够延长混凝土凝结时间的外加剂。缓凝减水剂是兼具缓凝和减水作用的外加剂。其主要作用是调节新拌混凝土的凝结时间。

缓凝剂主要用于气温较高的混凝土施工，或者大体积混凝土施工。缓凝剂能够延缓水泥的水化速率，减少因集中放热产生的温度应力造成的混凝土结构开裂。在商品混凝土中，缓凝剂可以用来延缓新拌混凝土的坍落度损失，保证混凝土的施工质量。商品混凝土的使用范围不断扩大，缓凝剂及缓凝减水剂得到了广泛的应用。

缓凝剂宜用于有延缓凝结时间、避免冷缝产生的混凝土工程，以及对坍落度保持能力有要求的混凝土、静停时间较长或长距离运输的混凝土、自密实混凝土。缓凝剂可用于大体积混凝土工程。缓凝剂在冬季低温季节使用需要经过试验确定。

缓凝剂的主要种类如下。

① 糖类化合物：葡萄糖、蔗糖、糖蜜、糖钙等。

② 羟基羧酸及其盐类：柠檬酸（钠）、酒石酸（钾钠）、葡萄糖酸（钠）、水杨酸及其盐类等。

③ 多元醇及其衍生物：山梨醇、甘露醇等。

④ 有机磷酸及其盐类：2-膦酸丁烷-1，2，4-三羧酸（PBTC）、氨基三甲叉膦酸（ATMP）及其盐类等。

⑤ 无机盐类：磷酸盐、锌盐、硼酸及其盐类、氟硅酸盐等。

⑥ 复合型：不同缓凝组分的复合物。

缓凝剂的混凝土技术指标要求见表 4-1。

表 4-1 掺缓凝剂的混凝土技术指标要求（GB 8076—2008）

品种	减水率/%	含气量/%	泌水率/% ≤	收缩率/% ≤	凝结时间差/min		抗压强度/%			钢筋锈蚀作用
					初凝	终凝	3d	7d	28d	
缓凝剂	—	—	100	135	>+90	—	—	100	100	无

D001 葡萄糖

【产品名】 葡萄糖（CAS 号：50-99-7）

【别名】 右旋糖；玉米葡糖；玉蜀黎糖；葡糖

【英文名】 glucose (Glc)；dextrose；grape-sugar；corn-sugar

【结构式或组成】

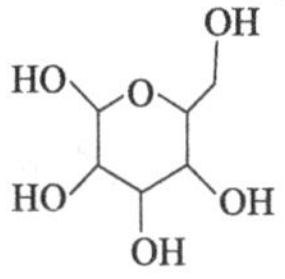

【分子量】 180.16

【物化性质】 白色结晶性或颗粒性粉末，无臭，味甜。有吸湿性，易溶于水，微溶于乙醇，不溶于乙醚，在碱性条件下加热分解。在常温条件下，α-D-葡萄糖的水合物（含 1 个水分子）熔点为 80℃；无水 α-D-葡萄糖熔点 146℃，无水 β-D-葡萄糖熔点 148～150℃。密度为 1.34g/cm³。

【质量标准】 HG/T 3475—1999《化学试剂　葡萄糖》。葡萄糖质量指标见表 4-2。

表 4-2　葡萄糖质量指标

指标名称	分析纯	化学纯
旋光度$[\alpha]_D^{20}$	+52.5°～+53.0°	
澄清度试验	合格	
干燥失重/%	≤7.5～9.1	≤7.0～9.1
灼烧残渣(以硫酸盐计)/%	≤0.05	≤0.05
酸度(以 H^+ 计)/(mmol/100g)	≤0.12	≤0.12
氯化物(Cl^-)/%	≤0.002	≤0.006
硫酸盐(SO_4^{2-})/%	≤0.002	≤0.004
铁(Fe)/%	≤0.0005	≤0.001
重金属(以 Pb 计)/%	≤0.0005	≤0.0005
糊精及淀粉	合格	合格

【用途】 由于表面活性作用，糖类（葡萄糖、蔗糖、麦芽糖、阿拉伯糖、山梨糖等）分子中的具有强烈极性的羟基、羧基、羰基在水泥粒子表面与 Ca^{2+}（通过络合作用）和水泥表面的 O^{2-}（通过氢键作用）形成一层起抑制水泥水化作用的缓凝剂膜层，从而延缓水泥水化作用。

医药上用作营养剂，兼有强心、利尿、解毒作用，可用作制备抗坏血酸、葡萄糖醛酸、葡萄糖酸钙等的原料；食品工业中用于制糖浆、糖果等；印染工业和制革工业用作还原剂。

【制法】

① 淀粉经盐酸或稀硫酸水解而制得。

② 淀粉经根霉或内孢霉淀粉酶的作用而制得。

【安全性】 无毒。

【参考生产企业】 山东西王药业公司，芜湖市秦氏糖业公司，阳新县科生化工公司等。

D002 蔗糖

【产品名】 蔗糖（CAS 号：57-50-1）

【别名】 砂糖；白砂糖；绵白糖；食糖

【英文名】 sucrose；cane sugar；saccharose；alpha-D-glucopyranosyl beta-D-fructofuranoside；beta-D-fructofuranose-(2-1)-alpha-D-glucopyranoside

【结构式或组成】

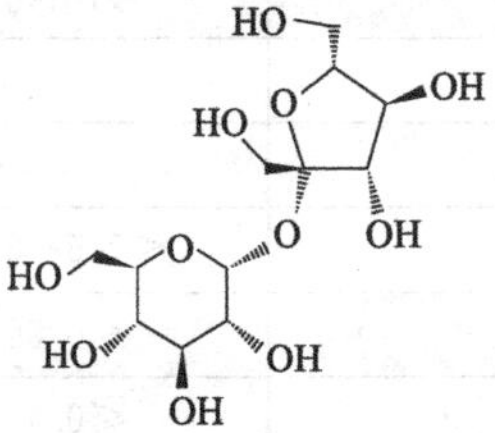

【分子量】 342.30

【物化性质】 无色单斜楔形结晶、白色颗粒或结晶性粉末。相对密度 d_4^{25} 为 1.587。在 160～186℃分解。易溶于水，1g 该品可溶于 0.5mL 水、170mL 乙醇、约 100mL 甲醇。在空气中稳定。

【质量标准】 HG/T 3462—2013《化学试剂　蔗糖》。蔗糖质量指标见表 4-3。

表 4-3　蔗糖质量指标

指标名称	分析纯	化学纯
性状	白色结晶粉末	
旋光度$[\alpha]_D^{20}$	+66.2°～+66.7°	

续表

指标名称	分析纯	化学纯
澄清度试验	合格	
水不溶物/%	≤0.002	≤0.004
干燥失重/%	≤0.03	≤0.06
灼烧残渣(以硫酸盐计)/%	≤0.01	≤0.02
酸度(以 H^+ 计)/(mmol/100g)	≤0.08	≤0.12
氯化物(Cl^-)/%	≤0.0005	≤0.002
硫酸盐(SO_4^{2-})/%	≤0.002	≤0.008
铁(Fe)/%	≤0.00005	≤0.0002
重金属(以 Pb 计)/%	≤0.0001	≤0.0003
还原糖	合格	合格

【用途】 蔗糖是一种常用的缓凝剂，与葡萄糖缓凝性能类似，由于其低掺量时即具有强烈的缓凝作用，因此，常与减水剂复合，相当于起到浓度稀释的作用，使之不易造成超掺事故。

用于食用糖及食品用甜味剂；制造乙醇、丁醇、乙二醇及柠檬酸时，作为发酵用引发剂；也用于制焦糖、转化糖及透明皂；医药用作防腐剂、抗氧化及药片赋形剂；制备糖脎。

【制法】 蔗糖大量来自甘蔗糖和甜菜，将甘蔗榨出汁液或将甜菜切片用水提出糖汁，用石灰澄清法或兼用亚硫酸饱充法，除去糖汁中的杂质，过滤后将滤液真空蒸浓，结晶分离而得粗糖，再经脱色、重结晶而得精糖。

【安全性】 无毒，可作为食品添加剂，入眼应立即清洗。

【参考生产企业】 成都金山化学试剂公司，天津金汇太亚化学试剂公司，云南德宏英茂糖业公司等。

D003 糖蜜

【产品名】 糖蜜

【别名】 废糖蜜

【英文名】 molasses

【结构式或组成】 糖蜜缓凝剂的原材料组成为：糖蜜＋石灰膏（生石灰粉）＋水。其中糖蜜是制糖生产过程中提炼出食糖后所余下的废液；磨细生石灰粉需要通过 0.3mm 孔径的筛子，石灰膏稠度为 12cm；水要求为洁净的饮用水。

【物化性质】 糖蜜含矿物质量较高，主要为钾、钠、氯、镁等，维生素含量低。高温不能久储。

【用途】 在缓凝减水剂的运用：糖蜜缓凝剂是制糖副产品经石灰处理而成，也是表面活性剂。糖蜜掺入混凝土拌和物中，能吸附在水泥颗粒表面，形成同种电荷的亲水膜，使水泥颗粒相互排斥，并阻碍水泥水化，从而起缓凝作用。糖蜜的适宜掺量为0.1%～0.3%，混凝土凝结时间可延长2～4h，掺量过大会使混凝土长期酥松不硬，强度严重下降。

在早强减水剂的运用：采用制糖工业副产品糖蜜研制的混凝土复合早强减水剂。该外加剂能明显地改善新水泥混凝土的和易性，大幅度地提高混凝土制品的早期强度，改善混凝土抗冻性；同时，具有实现工业废料再利用、制作简单、成本低廉等优点。

在水泥助磨剂中的应用：糖蜜为制糖副产品，价格低廉，货源充足，用其作助磨剂，节电17%～20%，而且水泥各龄期的强度都有提高，解决了长期存在的矿渣水泥助磨问题。

【制法】 制糖生产过程中提炼出食糖后所余下的废液。

【安全性】 糖蜜中灰分、胶体物质等杂质多，存在有害微生物污染。

【参考生产企业】 河北顺通百科商贸有限公司，上海横江化工有限公司，潍坊众信化工工贸有限公司等。

D004 糖钙

【产品名】 糖钙

【别名】 糖化钙

【英文名】 sugarcalcium

【物化性质】 棕黄色粉末。糖钙的常用掺量0.25%～0.35%，无毒、无味、水溶性好，在此掺量范围完全能够满足混凝土泵送要求，继续增大掺量减水率提高不明显。

【用途】 糖钙作为一种廉价、高效、多功能的糖蜜类缓凝减水剂，具有较强的延缓水化和延长凝结时间的作用。其作用机理主要是吸附阻止水泥水化速率最快的C_3A，从而延缓水化速率。糖钙的一般掺量为水泥质量的0.1%～0.3%，混凝土的凝结时间可延长2～4h。可以用作缓凝型复合外加剂的缓凝减水组分原料。如：缓凝型引气减水剂、缓凝高效减水剂、缓凝型早强减水剂。

可用于水泥助磨剂、泵送剂、水泥料浆稀释剂、砂型加固剂、农药乳化剂、选矿分散剂、皮革预鞣剂、陶瓷或耐火材料增塑剂、油井或水坝灌浆凝胶剂、炭黑造粒剂等。

【制法】 废蜜和石灰乳反应生成蔗糖化钙络合物和单糖化钙络合物及剩余的糖和 $Ca(OH)_2$，其化学反应如下：

$$C_{12}H_{22}O_{11}+CaO+H_2O \longrightarrow C_{12}H_{22}O_{11}\cdot CaOH_2O$$ （蔗糖化钙络合物）

$$C_6H_{12}O_6+CaO+H_2O \longrightarrow C_6H_{12}O_6\cdot CaOH_2O$$ （单糖化钙络合物）

制备时，先将废蜜调到相对浓度为 1.1～1.3，再加入相同物质的量（按有效 CaO 计算）的石灰乳液，慢慢搅拌加入废蜜中，再充分搅拌，然后陈化 3～5d 时间。将反应物在 80℃ 内低温烘干，经粉磨后即制得糖钙减水剂。

【安全性】 无毒。

【参考生产企业】 郑州润达化工有限公司，徐州运正化工有限公司，山东青州东阳化工有限公司等。

D005 柠檬酸

【产品名】 柠檬酸（CAS 号：77-92-9）

【别名】 枸橼酸；β-羟基丙三羧酸；3-羟基-3-羧基-1,5-戊二酸

【英文名】 citricacid；β-hydroxypropanetricarboxylic acid

【结构式或组成】

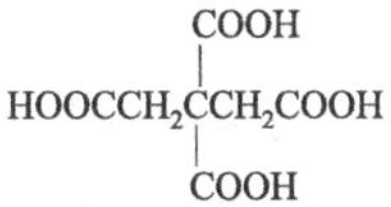

【分子量】 192.12

【物化性质】 柠檬酸是无色或白色半透明晶体或粉末。密度 $1.857g/cm^3$ (23.5℃)，相对密度 1.665（无水物）、1.542（一水物）。熔点 153℃（无水物），折射率 1.493～1.509，摩尔燃烧热（25℃）为 1.96MJ/mol（无水物）、1.952MJ/mol（一水物）。无气味，味酸，从冷的溶液中结晶出来的柠檬酸含有 1 分子水，在干燥空气中或加热至 40～50℃ 成无水物。在潮湿空气中微有潮解性。75℃时变软，100℃时熔融，易溶于水和乙醇，溶于乙醚。可燃。在 150℃ 失去结晶水，再加热则分解。溶于水，难溶于醇。在湿空气中微有潮解性，热空气中有风化性。

【质量标准】 GB/T 8269—2006《柠檬酸》。柠檬酸质量指标见表 4-4。

表 4-4 柠檬酸质量指标

项目	无水柠檬酸		一水柠檬酸		
	优级	一级	优级	一级	二级
鉴别试验	符合实验		符合实验		
柠檬酸含量/% ≥	99.5～100.5		99.5～100.5		99.0
透光率/%	98.0	96.0	98.0	95.0	
水分/%	0.5		7.5～9.0		
易炭化物	1.0		1.0		
硫酸灰分/%	0.05		0.05		0.1
氯化物/%	0.005		0.005		0.01
硫酸盐/%	0.01		0.015		0.05
草酸盐/%	0.01		0.01		
钙盐/%	0.02		0.02		
铁/(mg/kg)	5		5		
砷盐/(mg/kg)	1		1		
重金属(以 Pb 计)/(mg/kg)	5		5		
水不溶物	滤膜基本不变色，目视可见杂色颗粒<3 个				

【用途】 柠檬酸用于混凝土有明显的缓凝作用，在混凝土中的掺量一般为水泥用量的 0.01%～0.1%。掺量为 0.05%时，混凝土 28d 强度仍有提高，继续增大掺量则会影响强度，另外，加入柠檬酸还能改善混凝土抗冻性能。

柠檬酸广泛用作食品、饮料的酸味剂和药物添加剂，也可用作化妆品、金属清洗剂、媒染剂、无毒增塑剂和锅炉防垢剂的原料和添加剂。

【制法】 柠檬酸主要采用发酵法生产，其原料可用糖蜜、蔗糖、甘薯和石油烃等碳水化合物。一般采用真菌为菌种发酵生产，按发酵方式可分为表面发酵和深层发酵两大类。表面发酵是早期的生产方法，用某些青霉菌或黑曲霉菌为菌种。深层发酵法也以黑曲霉菌为菌种，发酵过程中生成小球形的丝菌聚集体，应避免生成长而薄的丝菌体，发酵条件为 pH 值 1.5～2.8，同时需通入无菌空气并伴随搅拌，发酵完毕过滤除去丝菌体及残存的固体渣滓，滤液用碳酸钙中和获得柠檬酸钙，然后用浓硫酸中和得柠檬酸粗品，再经离子交换树脂精制、浓缩和结晶得到成品。实际生产应用以深层发酵法为主，约占发酵法产量的 80%。

【安全性】 具有刺激作用。

【参考生产企业】 吴江市南风精细化工有限公司，郑州亿祥化工原料有限公司，郑州市远大化工等。

D006 柠檬酸钠

【产品名】 柠檬酸钠（CAS号：6132-04-3）

【别名】 枸橼钠；枸橼酸钠；柠檬酸三钠；二水合柠檬酸三钠盐；二水柠檬酸钠；柠檬酸钠无水合物；柠檬酸钠二水合物；2-羟基丙烷-1,2,3-三羧酸钠

【英文名】 sodium citrate, dihydrate; 2-hydroxy-1, 2, 3-propanetricaboxylic acid, monohydrate; 2-hydroxy-1,2,3-propanetricarboxylic acid, trisodium salt, dihydrate; 2-hydroxytricarballylic acid; acidum citricum monohydricum; beta-hydroxy-tricarboxylic acid monohydrate; citric acid-1-hydrate; citric acid, 3Na, dihydrate; citric acid anhydrous; citric acid H_2O; citric acid monohydrate; citric acid Na3-salt $2H_2O$; citric acid trisodium salt dihydrate; hydroxytricarballylic acid monohydrate; natrii citras; sodium citrate dihydrate; sodium citrate; sodium citrate $2H_2O$

【结构式或组成】

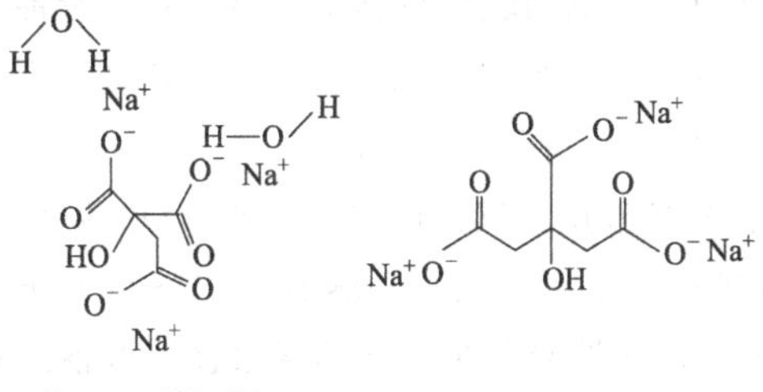

【分子式】 $C_6H_5Na_3O_7 \cdot 2(H_2O)$

【分子量】 294.10

【物化性质】 无色晶体或白色结晶性粉末产品，无臭、味咸凉。相对密度1.76，熔点300℃，在150℃失去结晶水，更热则分解。在湿空气中微有潮解性，在热空气中有风化性，易溶于水及甘油，不溶于乙醇，难溶于醇类及其他有机溶剂。

【质量标准】 GB 6782—2009《食品添加剂 柠檬酸钠》。柠檬酸钠质量指标见表4-5。

表 4-5 柠檬酸钠质量指标

外观	白色或微黄色结晶粉末
柠檬酸钠/% ≥	99.0
酸度和硬度	符合规定
硫酸盐/% ≤	0.03
重金属(Pb)/% ≤	0.0005
砷(As)/% ≤	0.0001
铁盐/% ≤	0.001
钡盐	符合规定
钙盐	符合规定
RCS	符合规定
氯化物(Cl)/% ≤	0.01

【用途】 柠檬酸钠对水泥早期水化有抑制作用，但不影响硬化混凝土早期强度的提高；大剂量使用时能促进水泥水化，消除缓凝作用。作为缓凝减水剂，其掺量常常低于0.05%。

在轻工工业中可代替三聚磷酸钠，用作洗涤剂的助剂，以减少对皮肤的刺激，提高洗涤效力；分析化学中用作化学试剂；用于色谱分析试剂和细菌培养基的制备；用作 pH 值调节剂和乳化增强剂；该品用于食品加工的调味、稳定剂；无毒电镀工业作缓冲剂和副络合剂；医药工业用作抗凝血剂、化痰药和利尿药；还用于酿造、注射液、摄影药品等。

【制法】 柠檬酸钠由柠檬酸用氢氧化钠或碳酸钠中和、浓缩、结晶而制得。

① 先将碳酸氢钠搅拌溶解于热水，然后于85～90℃下，加入柠檬酸中和至 pH 值为6.8。再加入活性炭脱色，并趁热过滤。滤液经减压浓缩、冷却结晶、离心分离、洗涤、干燥得柠檬酸钠。反应式为：

$$C_6H_8O_7+3NaHCO_3 \longrightarrow C_6H_5Na_3O_7 \cdot 2H_2O+3CO_2\uparrow +H_2O$$

② 由柠檬酸经氢氧化钠或碳酸氢钠中和而得。将碳酸氢钠在搅拌加热下溶解于水，加入柠檬酸，继续升温至85～90℃，调整 pH 值为6.8。加活性炭脱色，趁热过滤。滤液减压浓缩，冷却后析出结晶。过滤、洗涤、干燥，得柠檬酸钠。

【安全性】 安全、无毒。

【参考生产企业】 江苏汇鸿国际集团土产进出口股份有限公司，山东柠檬生化有限公司，甘肃雪晶生化有限责任公司。

D007 酒石酸

【产品名】 酒石酸（CAS号：526-83-0）

【别名】 2,3-二羟基丁二酸；葡萄酸

【英文名】 tartaric acid

【结构式或组成】 $HOOC(CHOH)_2COOH$

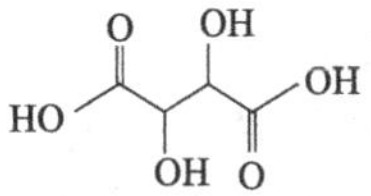

【分子量】 150

【物化性质】 无色透明结晶体或白色细颗粒结晶粉末。分子有两个相同的不对称碳原子，可以形成几种异构体：①右旋或D-酒石酸熔点170℃；②左旋或L-酒石酸熔点170℃；③外消旋或DL-酒石酸熔点159～160℃；④内消旋酒石酸熔点205℃。右旋酒石酸最为重要，广泛分布于自然界中，特别在葡萄汁中。大块的透明棱形晶体，相对密度1.76，溶于水、乙醇和乙醚。

【质量标准】 酒石酸质量指标见表4-6。

表4-6 酒石酸质量指标

外观	无色透明结晶体或白色细颗粒结晶粉末
含量/% ≥	99
熔点/℃	200～206
干燥失重/% ≤	2
灼烧残渣/% ≤	0.1
硫酸盐/% ≤	0.1

【用途】 对水泥有强烈的缓凝作用，用量一般不超过水泥用量的0.01%～0.06%，在此掺量范围延缓混凝土7d以内的强度，但能促进后期强度的提高。

食品工业用于生产果子精油，用作电镀液中pH值稳定剂，医药中用于生产酒石酸锑钾针剂、复方酒石酸胆碱等，还用于泡沫饮料、焙粉、有机合成、电镀制镜等。

【制法】 用30%过氧化氢作氧化剂，钨酸为催化剂，将顺丁烯二酸酐羟基化，合成酒石酸，然后经冷却、结晶、分离、干燥制得高纯度酒石酸。

【安全性】 无毒，具有强碱性，如不注意防护长期吸入其粉末会引起牙齿酸蚀等，还能引起皮肤慢性小溃疡、胃炎等，因此，作业现场应注意通风，设备要密闭，防止泄漏现象发生。

【参考生产企业】 湖州永旺化工科技有限公司，上海艾博添加剂有限公司，吴江明泰化工有限公司等。

D008 酒石酸钾钠

【产品名】 酒石酸钾钠（CAS号：6381-59-5）

【别名】 罗谢尔盐；四水酒石酸钾钠；六氟二氢锆酸盐；罗氏盐；洛瑟尔氏盐；酒石酸钠钾；四水酒石酸钠钾盐；酒石酸钾钠四水合物；L-酒石酸钾钠四水合物；

【英文名】 monopotassium monosodium tartrate tetrahydrate; L(＋)-tartaric acid potassium sodium salt tetra-hydrate; L-tartaric acid sodium potassium salt; potassium sodium tartrate tetra-hydrate; potassium sodium tartrate; potassium sodium tartrate - $4H_2O$; potassium sodium tartrate , 4-hydrate; potassium sodium tetra-hydrate; potassium sodium (＋)-tartrate tetra-hydrate ; (＋)-potassium sodium tartrate tetra-hydrate; Rochelle salt; Rochelle salt hydrate; Rochelle salt stabilizer; Rochelle salt tartrate; Rochelle salt tetra-hydrate; [R-(R*, R*)]-2, 3-dihydroxybutanedioic acid mono-potassium monosodium salt; seignette salt

【结构式或组成】

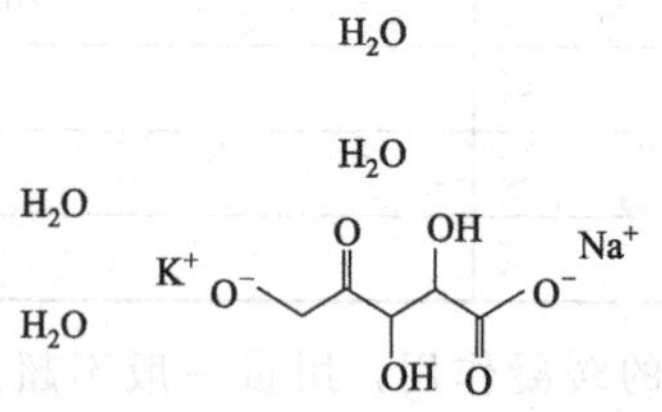

【分子式】 $C_4H_4KNaO_6 \cdot 4H_2O$

【分子量】 282.217

【物化性质】 无色半透明结晶或白色结晶粉末。熔点70～80℃，相对密度1.790。100℃时失去3个结晶水，130～140℃失去全部结晶水，220℃开始分解。溶于水，不溶于乙醇。水溶液呈微碱性。味咸而凉。溶解度1.05g/mL(20℃)。折射率22°（C=10，H_2O）。

【用途】 在水泥中起到缓凝作用，作用机理与酒石酸类似。

在食品工业中用作焙粉，印刷业中用于制版，制镜工业作还原剂，用于医药、试剂，在电信器材中用以制晶体喇叭或晶体话筒。

【制法】

1. 粗品的制取

① 中和。将原料酒石酸放入缸内，加入两倍量的水，用蒸汽加热煮沸后，在不断搅拌下，慢慢加入干态的碳酸钠中和，至不产生气泡止。此时溶液用石蕊试纸试验呈中性。

② 过滤。趁热用布袋过滤，滤液应透明或接近透明。

③ 浓缩、结晶。将滤液移入搪瓷桶内，加热蒸发浓缩至溶液浓度为 38～42°Bé，取出置于浅盘内（厚度以 15～20cm 为宜），在室温下静置 24h 即自然结晶。分出母液，取出结晶，用冷水洗涤一次（洗水与母液合并回收），即得酒石酸钾钠粗制品。

2. 粗品的精制

将粗制品加适量水（1～2 倍）加热溶解，加入活性炭脱色（活性炭加入量为样品量的 5%～15%）搅拌 10min 后，过滤（滤液用粗结晶的处理办法，进行再结晶，结晶体应无色透明）分出母液，洗涤后风干或在 50℃下干燥即得成品。

【安全性】 引起严重灼伤。

【参考生产企业】 郑州亿祥化工原料有限公司，河南中天化工，上海艾博添加剂有限公司等。

D009 葡萄糖酸

【产品名】 葡萄糖酸（CAS 号：526-95-4）

【别名】 葡糖酸；1,2,3,4,5-五羟基己酸

【英文名】 gluconicacid

【结构式或组成】 $OHCH_2CH(OH)CH(OH)CH(OH)CH(OH)COOH$

【分子式】 $C_6H_{12}O_7$

【分子量】 196.16

【物化性质】 葡萄糖酸是微酸性结晶。熔点 131℃，50%水溶液相对密度 1.24（25℃）。溶于水，微溶于醇，不溶于乙醇及大多数有机溶剂。

【用途】 葡萄糖酸具有缓凝作用，使用时会导致较明显的泌水。

可用于蛋白凝固剂和食品防腐剂，也可用于生产葡萄糖酸盐，如葡萄糖酸钠、葡萄糖酸钾、葡萄糖酸钙等。

【制法】 葡萄糖酸的制备方法：①葡萄糖经氧化而得；②以柠檬酸为原料，在pH值3.5以上用黑曲霉素菌株在25～30℃下进行发酵而得；③葡萄糖在碱性溶液中电解氧化而得。

【安全性】 几乎无毒，无腐蚀，无刺激性气味。

【参考生产企业】 上海爱立久进出口有限公司，山西立通油脂化工厂等。

D010 葡萄糖酸钠

【产品名】 葡萄糖酸钠（CAS号：527-07-1）

【别名】 葡糖酸钠；五羟基己酸钠

【英文名】 sodium gluconate

【结构式或组成】 OHCH$_2$CH(OH)CH(OH)CH(OH)CH(OH)COOH

【分子式】 $C_6H_{11}NaO_7$

【分子量】 218.14

【物化性质】 葡萄糖酸钠是白色或淡黄色结晶性粉末。易溶于水，微溶于醇，不溶于醚。熔点206～209℃。

【质量标准】 葡萄糖酸钠质量指标见表4-7。

表4-7 葡萄糖酸钠质量指标

指标名称		工业级	食品级
葡萄糖酸钠含量/%	≥	98.0	98.0～102.0
氯化物(Cl^-)/%	≤	0.1	0.07
硫酸盐(SO_4^{2-})/%	≤	0.2	0.05
pH值		7.0～8.5	7.0～7.5
残糖(还原性物质)/%	≤	0.1～1.0	0.1～0.5
重金属(Pb)/%	≤	—	—
干燥失重/%	≤	1.0	0.5

【用途】 葡萄糖酸钠和它的脱水物β-葡萄糖七氧化物都是有效且成本适中的混凝土缓凝减水剂，其缓凝性很强，能抑制C_3S的水化，抑制强度大于焦磷酸钠。通常掺量在胶凝材料总量0.05%～0.2%。但由于它对3d龄期以内的水泥

水化有强烈的抑制作用，故用量一般不超过0.1%。

葡萄糖酸钠还可用于食品添加剂、电镀络合剂、水质稳定剂、印染工业均色剂、钢铁表面处理剂等。

【制法】 工业上一般以含有葡萄糖的物质（例如谷物）为原料，采用发酵法先由葡萄糖制得葡萄糖酸，然后再由氢氧化钠进行中和，即可得葡萄糖酸钠，也可采用电解法和氧化合成。我国大都采用化学氧化法-次溴氧化法生产合成。

【安全性】 无毒、无刺激性。

【参考生产企业】 上海爱立久进出口有限公司，山西立通油脂化工厂等。

D011 水杨酸

【产品名】 水杨酸（CAS号：69-72-7）

【别名】 邻羟基苯甲酸；柳酸；撒酸

【英文名】 salicylic acid

【结构式或组成】

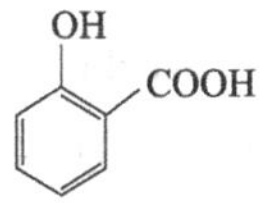

【分子量】 138.12

【物化性质】 水杨酸为白色针状晶体或毛状结晶性粉末。可燃烧，有毒，味微甜后辛。相对密度 d_4^{20} 为1.443，熔点159℃，沸点211℃（20mmHg），在76℃时升华。水溶液遇石蕊试纸呈酸性反应。稍溶于冷水，易溶于乙醇、乙醚、氯仿和沸水。水杨酸有解热镇痛的作用，但毒性大，一般用其钠盐和衍生物。

【质量标准】 HG/T 3398—2003。水杨酸质量指标见表4-8。

表4-8 水杨酸质量指标

外观		浅粉红色至浅棕色结晶粉末
干品初熔点/℃	≥	156.0
邻羟基苯甲酸含量/%	≥	99.0
苯酚含量/%	≤	0.20
灰分/%	≤	0.30

【用途】 对水泥基材具有缓凝作用，也可作为合成三聚氰胺系高效减水剂时的

原料之一。

在食品工业用于防腐，在医药上用于制阿司匹林、血防-67、冬青油和强力霉素，在染料工业用以制媒染纯黄、活性红棕 VB3R、直接耐酸棕 M 和直接黑 BL 等，在橡胶工业用作硫化延缓剂，农药上用于制水胺硫磷等。

【制法】 苯酚与烧碱制成苯酚钠，脱水后通二氧化碳进行羧基化得到水杨酸，再用硫酸（或盐酸）酸化得到粗品（工业用水杨酸）。粗品经升华精制即得到医用水杨酸。

【安全性】 有毒性。

【参考生产企业】 吉林化学工业公司染料厂，山东新华制药厂，南京化工厂，西北第二合成制药厂等。

D012 山梨醇

【产品名】 山梨醇（CAS 号：50-70-4）

【别名】 山梨糖醇；D-葡萄糖醇；蔷薇醇；花椒醇

【英文名】 D-sorbitol；D-glucitol；L-sorbitol；sorbitol BP；sorbit

【结构式或组成】 $HOCH_2[CH(OH)]_4CH_2OH$

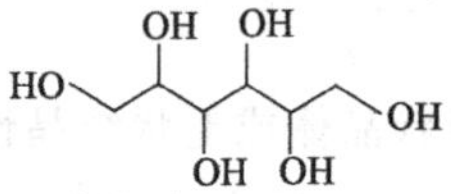

【分子式】 $C_6H_{14}O_6$

【分子量】 182.17

【物化性质】 白色无臭结晶性粉末，有甜味，有吸湿性。熔点 93℃（介稳定态）、97℃（稳定态），相对密度 1.47（−5℃），折射率 1.3477（10%水溶液）。溶于水（235g/100g 水，25℃）、甘油、丙二醇，微溶于甲醇、乙醇、醋酸、苯酚和乙酰胺溶液。几乎不溶于多数其他有机溶剂。存在于各种植物果实中。可燃。

【质量标准】 GB 7658—2005《食品添加剂山梨糖醇液》。山梨糖醇质量指标见表 4-9。

【用途】 山梨醇具有一定的螯合能力并具有一定数量的羟基，因此具有一定的缓凝作用。山梨醇的缓凝作用并不十分强烈，但具有较强的辅助流化效果并具有一定的消泡性，可复合引气剂使用。

表 4-9 山梨糖醇质量指标

项目		指标
固形物/%		69.0～71.0
山梨糖醇/%	≥	50.0
pH(样品：水＝1：1)		5.0～7.0
相对密度(d_{20}^{20})		1.285～1.315
还原糖(以葡萄糖计)/%	≤	0.21
总糖(以葡萄糖计)/%	≤	8.0
砷(As)/%	≤	0.0002
铅(Pb)/%	≤	0.0001
重金属(以 Pb 计)/%	≤	0.0005
氯化物(以 Cl^- 计)/%	≤	0.001
硫酸盐(以 SO_4^{2-} 计)/%	≤	0.005
镍(Ni)/%	≤	0.0002
灼烧残渣/%	≤	0.10

广泛用于食品工业，在医药工业上用作合成维生素 C 的原料，可用于制取醇酸树脂中的增塑剂和防冻剂，在牙膏、烟草、制革和墨水等的生产上用以代替甘油作为水分控制剂。

【制法】

① 葡萄糖在活性镍催化下，加压氢化得粗制品，以离子交换树脂除去重金属盐后，得成品。

② 将配制好的葡萄糖水溶液加入高压釜，加入葡萄糖质量 0.1 的镍催化剂。经置换空气后，在约 3.5MPa、150℃、pH＝8.2～8.4 条件下加氢，终点控制残糖在 0.5 以下。沉淀 5min 后，将所得山梨糖醇溶液通过离子交换树脂精制即得。

【消耗定额】

原料名称	单耗/(kg/t)
盐酸	19
液碱	36
固碱	6
铝镍合金粉	3
口服糖	518
活性炭	4

【安全性】 无毒，人体内吸收快，最终代谢为二氧化碳。

【参考生产企业】 石家庄市华兴医药化工厂，石家庄市双联化工集团有限公司，上海中远化工有限公司等。

D013 甘露醇

【产品名】 甘露醇（CAS 号：69-65-8）

【别名】 D-甘露糖醇；己六醇

【英文名】 mannitol；D-mannitol；manna sugar；cordycepic acid

【结构式或组成】 $HOCH_2[CH(OH)]_4CH_2OH$

【分子式】 $C_6H_{14}O_6$

【分子量】 188.06

【物化性质】 白色针状或粉末状结晶，无臭，略有甜味。相对密度（20℃）1.489，熔点 166～168℃，沸点 290～295℃（467kPa）。旋光率 23°～24°。不吸湿，溶于水、热乙醇、稀酸和稀碱溶液，难溶于冷乙醇，不溶于乙醚，水溶液呈碱性。在碱性条件下，能被铜、铅、钴等水溶性盐沉淀。

【质量标准】 甘露醇质量指标见表 4-10。

表 4-10 甘露醇质量指标

外观		无色无臭结晶粉末
澄清度		澄清无色
熔点/℃		166～169
纯度/%		98～102
氯化物/%	≤	0.003
硫酸盐/%	≤	0.01
草酸盐/%	≤	0.02
干燥失重/%	≤	0.5
重金属(Pb)/$\times10^{-6}$	≤	10
砷盐/$\times10^{-6}$	≤	2

【用途】 用作水泥缓凝剂，醇类的同系物中，随着羟基数的增多而对水泥的缓凝作用增强。

医药上良好的利尿剂、脱水剂、食糖代用品，工业上用作塑料的增塑剂，制三松香酸酯及人造甘油树脂，在生物检验上用作细菌培养剂，在化学分析中作化学分析试剂。

【制法】

① 水重结晶法。甘露醇是海带提碘时的副产品。在海带浸泡液提碘后的酸性“废碘水”中，加碱中和至 pH=7，经蒸发浓缩、冷却、沉淀、除盐，滤液再经真空浓缩，冷却结晶析出甘露醇的晶体，分离出结晶后用热水溶解。用活性炭脱色，离子交换树脂除盐，使它变成含盐量极少的甘露醇溶液，再经蒸发浓缩、冷却、离心及干燥得精甘露醇。

② 电渗析脱盐法。利用甘露醇是非离子型中性有机物的特性，使预处理后的“废碘水”进入电渗析器，借助外加直流电场的作用，使碘、氯、钠等离子迁移至正、负极浓水室，而甘露醇则停留在淡水室，经由电渗析器流出，流出液经蒸发浓缩、脱色、离子交换蒸发烘干得到成品。

③ 葡萄糖或蔗糖溶液经电解还原或催化还原制得。

【安全性】 不可与毒品、有色粉末、恶臭物资共储混运。

【参考生产企业】 沈阳化学试剂厂，江苏昆山日尔化工有限公司，南通江海高纯化学品有限公司等。

D014 氨基三亚甲基膦酸

【产品名】 氨基三亚甲基膦酸（CAS 号：6419-19-8）

【英文名】 amin otris（methylenephosphonicacid）；ATMP；aminotris（methanephosphonic acid）；nitrilotrimethanephosphonic acid；tris（phosphonomethyl）amine；dequest 2000

【结构式或组成】 $N(CH_2PO_3H_2)_3C$

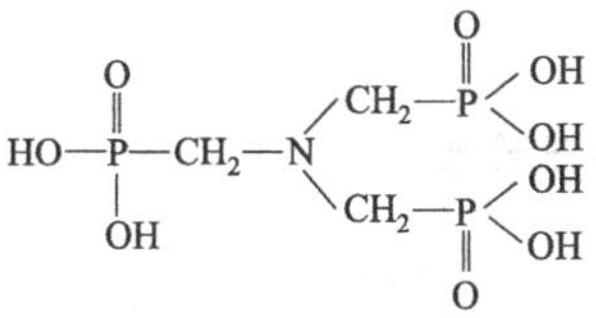

【分子式】 $C_3H_{12}NO_9P_3$

【分子量】 299.05

【物化性质】 密度 1.28（50a. q.）。在 200℃温度下，有优良的阻垢作用，低毒或无毒，对碳酸钙防垢效果尤佳，在 40×10^{-6} 以上有良好的缓蚀性能。

【质量标准】 氨基三亚甲基膦酸质量指标见表 4-11。

表 4-11　氨基三亚甲基膦酸质量指标

标准		符合 HG/T 2841—1997	符合 HG/T 2841—2000	企标
外观		无色或淡黄色透明液体		白色结晶性粉末
活性组分(以 ATMP 计)/%	≥	50.0	50.0	95.0
氨基三亚甲基膦酸含量/%	≥	—	40.0	80.0
亚磷酸(以 PO_3^{3-} 计)/%	≤	5.0	3.5	—
磷酸(以 PO_4^{3-} 计)/%	≤	1.0	0.8	0.8
pH 值(1%水溶液)		1.5～2.5	1.5～2.5	≤2.0
氯化物(以 Cl^- 计)/%	≤	3.5	2.0	2.0
Fe(以 Fe^{3+} 计)含量/×10⁻⁶	≤	—	20.0	20.0
密度(20℃)/(g/cm^3)	≥	1.28	1.30	—

【用途】 有机膦酸盐缓凝剂，缓凝作用明显，但多数氯离子含量偏高，对钢筋有一定危害，且在 pH 适宜情况下才稳定。

ATMP 具有良好的螯合、低限抑制及晶格畸变作用，可阻止水中成垢盐类形成水垢，特别是碳酸钙垢的形成；ATMP 用于火力发电厂、炼油厂的循环冷却水及油田回注水系统；可用作纺织印染行业的金属螯合剂及金属表面处理剂。

【制法】

① 三氯化磷、铵盐、甲醛在酸性介质中一步合成。

② 氮川三乙酸与亚磷酸反应

【安全性】 腐蚀性物质，会导致灼伤。有酸性，应避免与眼睛、皮肤或衣服接触，一旦溅到身上，应立即用大量水冲洗。

【参考生产企业】 山东泰和水处理有限公司，枣庄市凯瑞化工有限公司，济南祥丰伟业化工有限公司等。

D015 2-膦酸-1-丁烷-2,4-三羧酸

【产品名】 2-膦酸-1-丁烷-2,4-三羧酸（CAS 号：37971-36-1）

【英文名】 2-phosphonobutane-1,2,4-tricarboxylic acid；PBTC；PBTCA

【结构式或组成】

【分子式】 $C_7H_{11}O_9P$

【分子量】 270.13

【物化性质】 无色或淡黄色透明液体。相对密度 1.275（20℃），凝固点 −15℃。具有优良的阻垢缓蚀性能。耐酸，耐碱，耐氧化剂。pH>14 时仍不水解，热稳定性好。

【质量标准】 2-膦酸丁烷-1,2,4-三羧酸质量指标见表 4-12。

表 4-12 2-膦酸丁烷-1,2,4-三羧酸质量指标

外观	无色或淡黄色透明液体
黏度(50℃)/Pa·s	20
含固量/%	45～50
pH 值(1%水溶液)	1.8～2.0

【用途】 有机膦酸盐缓凝剂，阻垢剂。

【安全性】 有害物质，刺激性物质。

【参考生产企业】 河南清水源科技股份有限公司，山东奥纳化工有限公司，常州市润洋化工有限公司等。

D016 乙二胺四亚甲基膦酸

【产品名】 乙二胺四亚甲基膦酸（CAS 号：1429-50-1）

【英文名】 ethylenebis (nitrilodimethylene) tetraphosphonic acid; [1,2-ethanediylbis [nitrilobis-(methylene)]]tetrakis-phosphonic acid; EDTMP

【结构式或组成】

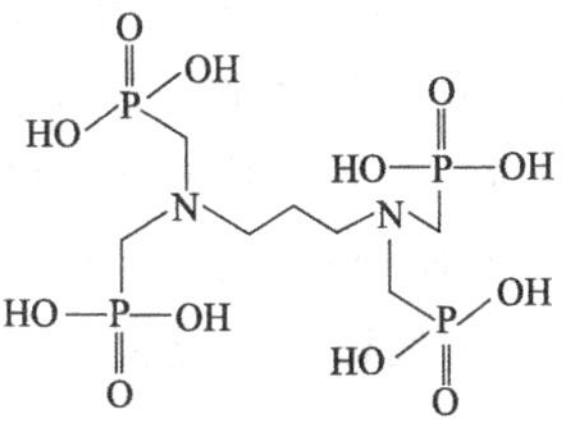

【分子式】 $C_6H_{20}N_2O_{12}P_4$

【分子量】 436.13

【物化性质】 纯品为白色晶体，工业品为淡黄色，商品一般为棕黄色透明黏稠液体。相对密度 1.3～1.4。干品分解温度 223～228℃。化学稳定性好。

【质量标准】 乙二胺四亚甲基膦酸质量指标见表 4-13。

表 4-13 乙二胺四亚甲基膦酸质量指标

外观		黄棕色透明液体
活性组分(以 EDTMP 计)含量/%		28～30
有机膦(以 PO_3^{4-} 计)含量/%	≥	8.4
亚磷酸(以 PO_3^{3-} 计)含量/%	≤	5.0
磷酸(以 PO_3^{4-} 计)含量/%	≤	2.0
氯化物(以 Cl^- 计)含量/%	≤	6.0
密度(20℃)/(g/cm^3)	≥	1.30
残留乙二胺含量/%	≤	0.80
pH 值(1%水溶液)		9.5～10.5

【用途】 EDTMP 用于水泥混凝土时有较强的缓凝作用，属于有机膦酸盐缓凝剂。

还用作蒸汽锅炉的阻垢缓蚀剂、循环冷却水的阻垢剂、过氧化物的稳定剂、电镀工业金属离子螯合剂等。

【制法】

① 甲醛与乙二胺进行亲核加成生成羟甲基胺，再与 PCl_3 的水解产物酯化。

② 以乙二醇为中间介质，乙二醇与二氯化碳反应生成氯化磷酸酯，再与乙二胺和甲醛反应生成 EDTMP。

③ EDTA、PCl_3 合成法。

前两种方法副产物少，产率高，产品纯度好。但成本高，原料较贵。

目前国内仍以①法为主。首先把化学计量的乙二胺加入反应釜中，加适量的水溶解，搅拌均匀。然后在冷却下滴加三氯化磷。反应温度以 40～60℃为宜。滴毕后升温至 60℃，滴加甲醛水溶液。滴毕后升温至 100～120℃，反应 5h 左右。冷却，用空气吹出残留的氯化氢。加磷酸钠水溶液调 pH 值至 9.5～10.5。出料即为成品。

【安全性】 刺激性物品。

【参考生产企业】 阿拉丁试剂有限公司，河南清水源科技股份有限公司，泰和水处理公司等。

D017 1-羟基乙烷-1,1-二膦酸

【产品名】 1-羟基乙烷-1,1-二膦酸（CAS号：2809-21-4）

【别名】 羟基亚乙基二膦酸

【英文名】 1-hydroxyethylidene-1,1-diph-osphonic acid；HEDP

【结构式或组成】

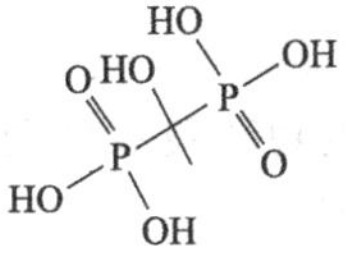

【分子式】 $C_2H_8O_7P_2$

【分子量】 206.02

【物化性质】 HEDP是一种多元酸，易溶于水，结构稳定，不易水解。HEDP是一种重要的螯合剂，螯合能力强，可与金属离子形成六元环螯合物，尤其和钙离子可以形成胶囊状大分子螯合物。

【质量标准】

表4-14 质量标准

外观		无色至淡黄色黏稠透明液体
活性组分含量/%	≥	50
亚磷酸(以PO_3^{3-}计)含量/%	≤	2.0
磷酸(以PO_4^{3-}计)含量/%	≤	1.0
密度(20℃)/(g/cm³)	≥	1.34
pH值(1%水溶液)	≤	2.0

【用途】 HEDP用于水泥混凝土时有较强的缓凝作用，属于有机膦酸盐缓凝剂。

还可用作新型电镀络合剂、水质稳定剂，用于锅炉和换热器防垢和缓蚀，用作无氰电镀络合剂、金属的清洗剂。

【制法】

① 由三氯化磷与冰醋酸混合后，加热、蒸馏，得乙酰氯，再与亚磷酸反应制得。市售品为以水稀释至含量50%的黏稠液体。每吨产品消耗三氯化磷(95%) 931kg，冰醋酸591kg。

② 工业上通常采用冰醋酸与三氯化磷酰期货，再由酰基化产物与三氯化磷水解产物缩合。将计量的水、冰醋酸加入反应釜中，搅拌均匀。在冷却下滴加

三氯化磷，控制反应温度在 40～80℃。反应副产物氯化氢气体经冷凝后送入吸收塔，回收盐酸。溢出的乙酰氯和醋酸经冷凝仍回反应器。滴完三氯化磷后，升温至 100～130℃，回流 4h。反应结束后，通水蒸气水解，蒸出残留的醋酸及低沸点物，得产品。

③ 通过二乙烯三胺与甲醛的亲核加成，加成产物与三氯化磷水解产物酯化，中和得产品。

【安全性】 刺激性物品，有害物品。

【参考生产企业】 成都思天德生物科技有限公司，上海甄准生物科技有限公司，江苏泽派科学仪器有限公司等。

D018 二乙烯三胺五亚甲基膦酸

【产品名】 二乙烯三胺五亚甲基膦酸（CAS 号：15827-60-8）

【英文名】 diethylenetriaminepenta(met-hylene-phosphonic acid)；[[(phosphonomethyl)imino] bis [2,1-ethane-diylnitrilobis(methylene)]] tetrakisphosphonic acid; DTPMP

【结构式或组成】

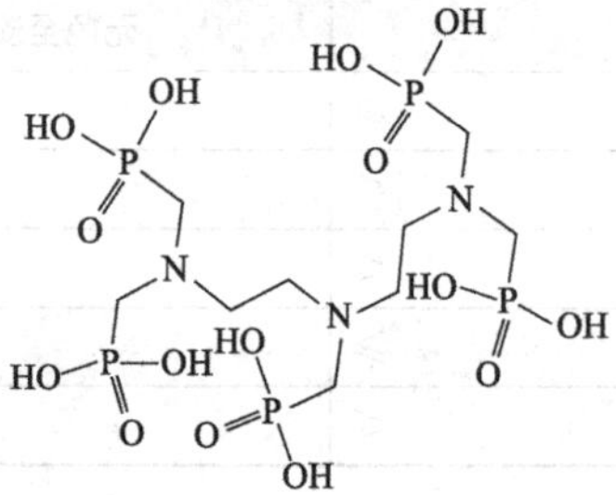

【分子式】 $C_9H_{28}N_3O_{15}P_5$

【分子量】 573.20

【物化性质】 能与水互溶，能与多种金属离子形成多种稳定络合物，具有稳定的化学性质，在强酸、碱介质中也不易分解。在水中能离解成 10 个正、负离子，并能与金属离子形成多元环螯合物。

【质量标准】 HG/T 3777—2005。二乙烯三胺五亚甲基膦酸质量指标见表 4-15。

【用途】 DTPMP 用于水泥混凝土时有较强的缓凝作用，属于有机膦酸盐缓凝剂。

特别适用于电厂冲灰水系统闭路循环和碱性循环冷却水中作为不调 pH 值

表 4-15 二乙烯三胺五亚甲基膦酸质量指标

外观	红棕色透明液体
液体活性组分(DTPMPA)含量/% ≥	50.0
氯化物(以 Cl^- 计)含量/%	12～17
密度(20℃)/(g/cm^3)	1.35～1.45
pH 值(1%水溶液) ≤	2.0
亚磷酸(以 PO_3^{3-} 计)含量/% ≤	5.0
钙螯合值(以 $CaCO_3$ 计)/(mg/g) ≥	450

的阻垢缓蚀剂，并可用于含碳酸钡高的油田注水和冷却水、锅炉水的阻垢缓蚀剂，以及过氧化物和二氧化氯杀菌剂的稳定剂。在复配药剂中单独使用本品，无须投加分散剂，污垢积量仍很小。

【安全性】 刺激性物品，腐蚀性物品。

【参考生产企业】 诚和信化工，金坛市山水聚氨酯材料有限公司，湖北巨胜科技有限公司等。

D019 三聚磷酸钠

【产品名】 三聚磷酸钠（CAS 号：7758-29-4）

【别名】 三磷酸钠；磷酸五钠；焦偏磷酸钠；三聚磷酸五钠

【英文名】 sodium tripoly phosphate；polygon；STPP

【结构式或组成】

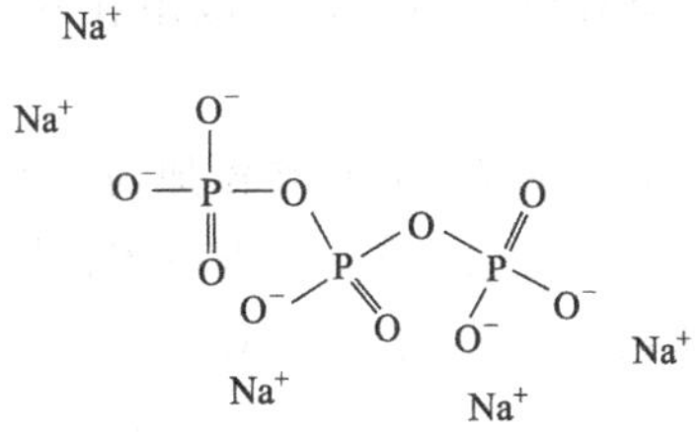

【分子式】 $Na_5P_3O_{10}$

【分子量】 367.86

【物化性质】 三聚磷酸钠为白色晶体或结晶粉末。成链状分子结构。能溶于水。常见的三聚磷酸钠有无水物和六水物两种。无水物因加热温度不同分为Ⅰ型和Ⅱ型，Ⅰ型比Ⅱ型稳定。当温度高于 620℃时，便分解成焦磷酸钠结晶体和聚偏磷酸钠熔体。三聚磷酸钠与其他无机盐不同，在水中的溶解度有瞬时溶解度及最后溶解度之分。水溶液经数日后，溶解度降低一半，最后达到平衡，有白色沉淀产生。此时溶解度为最低溶解度，生成沉淀为六水物晶体。同样，在无水物中加入乙醇，也可得到六水物。六水物有吸潮性，易溶于水，水溶液呈弱碱性，渐渐水解生成钠离子、焦磷酸根离子和磷酸根离子。如加热在 70℃以上脱水时起分解作用，生成正磷酸钠和焦磷酸钠，到 120℃以上又化合成三聚磷酸钠。

【质量标准】 三聚磷酸钠质量指标见表 4-16。

表 4-16 三聚磷酸钠质量指标

外观	白色晶体或结晶粉末		
产品等级	一级	二级	三级
白度/% ≥	90	85	80
五氧化二磷含量/% ≥	57.0	56.5	55.0
pH 值(1%水溶液)	9.2～10.0		
水不溶物/% ≤	0.1	0.19	0.15
三聚磷酸钠($Na_5P_3O_{10}$)/%	96	90	85
铁/%	0.007	0.015	0.030
颗粒度	通过 1.0mm 试验筛的筛分率≥95%		

【用途】 用于水泥缓凝剂。三聚磷酸钠用于混凝土有明显的缓凝作用，其原因在于 $Na_5P_3O_{10}$ 与溶液中的 Ca^{2+} 形成络盐，降低了溶液中 Ca^{2+} 的浓度，阻碍了 $Ca(OH)_2$ 的结晶析出，同时形成的络合物吸附在水泥颗粒表面，抑制水泥水化。

可用于肉类加工处理，合成洗涤剂中作添加剂，制造中作增效剂，水处理作软化剂，制革中的预鞣剂和染色助剂，油井挖泥作控制剂，造纸中作油污防止剂，有机合成中作催化剂，金属及医药工业中作分散剂和助溶剂，在热电厂可用于循环水防垢处理。

【制法】 三聚磷酸钠有稳定Ⅰ型和次稳定Ⅱ型。由一分子磷酸二氢钠和二分子磷酸氢二钠经充分混合，加热到 110℃脱水，继续加热到 540～580℃，脱水而成Ⅰ型。经加热到 620℃以上熔融，降低温度到 550℃，在空气中冷却，即崩解成粉末状Ⅱ型。在无水物的水溶液中加入乙醇，即为六水物。

【安全性】 无毒性，对皮肤和黏膜具有轻度刺激性。

【参考生产企业】 太原磷肥厂，上海洗涤剂五厂，蚌埠化工厂，大连化工实验室，广西磷酸盐化工厂等。

D020 六偏磷酸钠

【产品名】 六偏磷酸钠（CAS号：10124-56-8）

【别名】 六聚偏磷酸钠；磷酸钠玻璃；格来汉氏盐；卡甘（六聚偏磷酸钠的商品名）；偏磷酸六钠；格腊哈姆盐；六偏磷酸盐钠；六磷酸钠；格兰汉姆盐；偏磷酸钠玻璃体；玻璃状聚磷酸钠；四聚磷酸钠

【英文名】 sodium hexemetaphosphate；tech-calgon；grahams salt；hexasodium metaphosphate；SHMP；sodium metaphosphate；sodium polymetaphosphate；sodium polyphosphate；sodium polyphosphates；sodium polyphosphates glassy；calgon；chemi-charl；hexametaphosphate；sodiumsalt；hexasodiumhexametaphosphate；medi-calgon；natriumhexametaphosphat

【结构式或组成】 $(NaPO_3)_6$

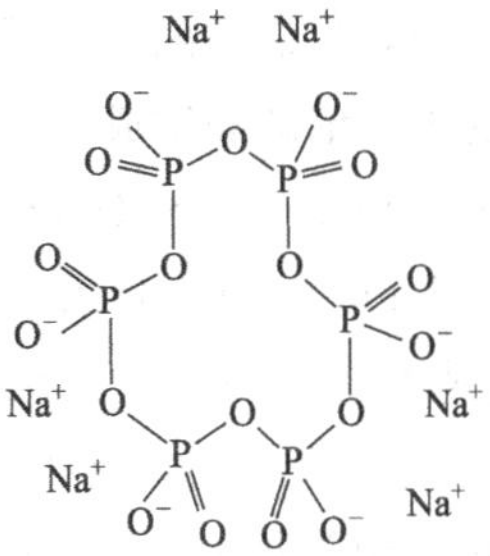

【分子式】 $Na_6P_6O_{18}$

【分子量】 611.17

【物化性质】 六偏磷酸钠为无色透明片状或块状结晶体。相对密度约2.5，熔点616℃。有较强的吸潮湿性能，在空气中极易潮解成黏状液三偏磷酸钠$(NaPO_3)_3$。在空气中也会融化和水化，水化时变为焦磷酸钠。在温水、酸或碱溶液中易水解为正磷酸钠。易溶于水，不溶于有机溶剂。

【质量标准】 HG/T 2519—2007。六偏磷酸钠质量指标见表4-17。

【用途】 用作水泥缓凝剂。掺入磷酸盐会使水泥水化的诱导期变长，并且使C_3S的水化速率大大减缓。磷酸盐的缓凝机理是磷酸盐与$Ca(OH)_2$反应在已生成的熟料表面形成不溶性的磷酸钙，从而阻止了正常水化的进行。

表 4-17 六偏磷酸钠质量指标

外观	无色透明片状或块状结晶体		
产品等级	一级	二级	三级
总磷酸盐(以 P_2O_5 计)/% ≥	68.0	66.0	65.0
非活性磷酸盐/% ≤	7.5	8.0	10.0
铁/% ≤	0.05	0.10	0.20
水不溶物/% ≤	0.06	0.10	0.15
pH 值	5.8～6.5	5.5～7	5.5～7

还可用作水泥促硬剂、洗涤剂、防腐剂、软水剂、纤维和漂染清洗剂，也用于医药、食品、石油、印染、鞣革、造纸等。

【制法】

① 磷酸二氢钠法。将液态黄磷喷入燃烧室燃烧，被空气氧化生成五氧化二磷，经水合生成磷酸，将稀磷酸加入反应器中，在搅拌下缓慢地加入烧碱溶液于 80～100℃进行中和反应，使 pH 值达到 4～4.4，生成磷酸二氢钠溶液，加入硫化碱进行净化，除去砷、重金属等杂质，过滤，将滤液经过脱水，于 750～850℃通过 20min 熔聚反应，生成熔融六偏磷酸钠，用冷却水进行间接冷却以骤冷制片，粉碎，制得食用六偏磷酸钠成品。其反应方程式如下：

$$H_3PO_4 + NaOH \longrightarrow NaH_2PO_4 + H_2O$$

$$6NaH_2PO_4 \longrightarrow (NaPO_3)_6 + 6H_2O$$

② 食品级产品通常采用磷酸二氢钠法。用纯碱中和磷酸，控制 pH 值在 4.0～4.4 之间，即得磷酸二氢钠溶液；将此溶液送入聚合炉中，在 700℃下加热脱水 15～30min，即得熔融六偏磷酸钠；再加水骤冷却制片，粉碎即得产品。其反应方程式如下：

$$NaH_2PO_4 \longrightarrow (NaPO_3)_6 + 6H_2O$$

③ 将氢氧化钠加入磷酸，在 540～580℃下加热脱水约 2h，所得为稳定态的Ⅰ型（Na：P＝5：3)；如先加热至 620℃熔融，然后在 550℃下脱水，再在空气中冷却至 100～150℃，所得者为亚稳定态的Ⅱ型。

④ 磷酸二氢钠法。将纯碱溶液与磷酸在 80～100℃进行中和反应 2h，生成的磷酸二氢钠溶液经蒸发浓缩、冷却结晶，制得二水磷酸二氢钠，加热至 110～230℃脱去 2 个结晶水，继续加热脱去结构水，进一步加热至 620℃时脱水，生成偏磷酸钠熔融物，并聚合成六偏磷酸钠。然后卸出，从 650℃骤冷至 60～80℃时制片，经粉碎制得六偏磷酸钠成品。其反应方程式如下：

$$Na_2CO_3+2H_3PO_4+H_2O \longrightarrow 2NaH_2PO_4 \cdot 2H_2O+CO_2\uparrow$$
$$NaH_2PO_4 \cdot 2H_2O \longrightarrow NaH_2PO_4+2H_2O$$
$$2NaH_2PO_4 \longrightarrow Na_2H_2P_2O_7+H_2O$$
$$Na_2H_2P_2O_7 \longrightarrow 2NaPO_3+H_2O$$
$$6NaPO_3 \longrightarrow (NaPO_3)_6$$

⑤ 五氧化二磷法。将黄磷在干燥空气流中燃烧氧化、冷却而得的五氧化二磷与纯碱按一定比例（$Na_2O:P_2O_5=1\sim1.1$）混合。将混合粉料于石墨坩埚中间接加热使其脱水熔聚，生成的六偏磷酸钠熔体经骤冷制片、粉碎，制得工业六偏磷酸钠成品。其反应方程式如下：

$$P_4+5O_2 \longrightarrow 2P_2O_5$$
$$P_2O_5+Na_2CO_3 \longrightarrow 2NaPO_3+CO_2\uparrow$$
$$6NaPO_3 \longrightarrow (NaPO_3)_6$$

【安全性】 无毒。

【参考生产企业】 徐州化工厂，张家口市化工原料厂，大连金光化工厂，哈尔滨化工总厂等。

D021 磷酸二氢钠

【产品名】 磷酸二氢钠（CAS号：7558-80-7）

【别名】 磷酸一钠

【英文名】 sodium phosphate monobasic; MSP; sodium dihydrogen phosphate anhydrous; sodium dihydrogen orthophosphate; monosodium phosphate; monosodium phosphate dihydrate; acidsodium phosphate; monosodium dihydrogen orthophosphate; monosodium hydrogen phosphate; monosodium phosphate (sodium dihydrogen); monosodium phosphate (sodium dihydrogen phosphate); monosorbxp-4

【结构式或组成】

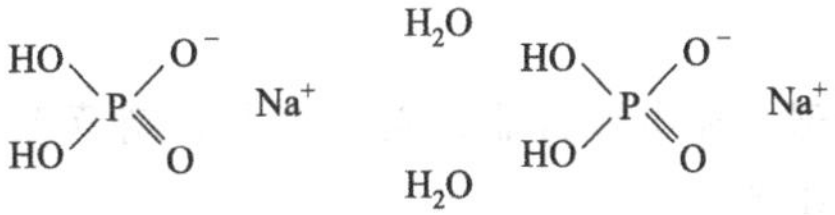

【分子式】 NaH_2PO_4（或 $NaH_2PO_4 \cdot 2H_2O$）

【分子量】 119.98（或156.01）

【物化性质】 相对密度1.949，熔点60℃。有无水物、一水物和二水物三种。

无水物为白色结晶粉末，微吸湿，极易溶于水。无水物是无色斜方晶系结晶体，易溶于水，水溶液呈酸性反应（pH=4.5），不溶于醇，微溶于氯仿。二水物也极易溶于水，潮湿空气中易结块，100℃时则脱水成无水物，190～210℃时生成焦磷酸钠，280～300℃分解为偏磷酸钠。水溶液都呈酸性。目前作为产品的以二水物为主。在一定的pH值下，由碳酸钠与磷酸反应或由磷酸氢二钠与一定比例的磷酸反应制得，在湿空气中易结块。

【质量标准】 GB/T 1267—2011《化学试剂　二水合磷酸二氢钠（磷酸二氢钠）》。磷酸二氢钠质量指标见表4-18。

表4-18　磷酸二氢钠质量指标

外观		白色结晶	
产品等级		分析纯	化学纯
含量($NaH_2PO_4 \cdot 2H_2O$)/%	≥	99.0	98.0
pH值(50g/L,25℃)		4.2～4.6	4.2～4.6
澄清度试验/号	≤	3	5
水不溶物/%	≤	0.01	0.02
氯化物(Cl^-)/%	≤	0.005	0.01
硫酸盐(SO_4^{2-})/%	≤	0.005	0.01
硝酸盐(NO_3^-)/%	≤	0.001	0.002
铵(NH_4^+)/%	≤	0.02	—
砷(As)/%	≤	0.0002	0.0005
钾(K)/%	≤	0.02	0.1
铁(Fe)/%	≤	0.001	0.005
重金属(以Pb计)/%	≤	0.001	0.005
氨沉淀物/%	≤	0.01	0.02

【用途】 用作水泥缓凝剂，对于C_3A含量高的水泥，当掺入磷酸氢二钠和磷酸钠时会出现瞬凝现象。

用于锅炉水质处理，在电镀行业、染料工业、制革工业作助剂，在医药中作酸度缓冲剂及制焙粉等。

【制法】 用磷酸钠和热法磷酸进行反应制得。也可由磷酸与碳酸钠在控制pH值下作用而得。

【安全性】 微毒类。对眼睛、皮肤有刺激作用。受热分解释出氧化磷和氧化钠烟雾。对环境有危害，对水体可造成污染。不燃。

【参考生产企业】 天津汉沽化工厂，浙江建德县化工厂，大连金光化工厂，成都化工研究所实验厂等。

D022 磷酸二氢钾

【产品名】 磷酸二氢钾（CAS号：7778-77-0）

【别名】 磷酸一钾；二氢磷酸钾；磷酸钾单水合物；酸性磷酸钾

【英文名】 potassium phosphate monobasic；buffer concentrate II from potassium dihydrogen phosphate；dipotassium hydrogen phosphate；kalii dihydrogen phosphas；MKP；monobasic potassium phosphate；mono-potassium；monopotassium phosphate；phosphate analytical standard；phosphate high；phosphate ion chromatography standard；phosphate low No. 1；phosphate low No. 2；phosphate single component standard；phosphate standard solution；potassium acid phosphate；potassium biphosphate；potassium dihydrogen orthophosphate；potassium dihydrogen phosphate；potassium dihydrogen phosphate concentrate Ⅱ；potassium dihydrogen phosphate（monobasic）

【结构式或组成】

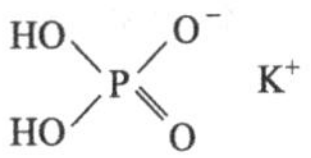

【分子式】 KH_2PO_4

【分子量】 136.09

【物化性质】 无色至白色结晶或结晶性粉末。无臭。相对密度 2.338，熔点 252.6℃。在空气中易吸潮。溶于水，不溶于乙醇。水溶液呈酸性，2.7%的水溶液 pH 值为 4.2～4.7。于空气中稳定。熔化后成透明液体，冷却固化为不透明白色物质偏磷酸钾 KPO_3。

【质量标准】 HG 2321—1992。磷酸二氢钾质量指标见表 4-19。

表 4-19　磷酸二氢钾质量指标

外观	无色晶体		
产品等级	一级	二级	三级
磷酸二氢钾(以干基计)/% ≥	98.0	97.0	96.0
水分/% ≤	3.0	3.0	4.0

续表

水不溶物/% ≤	0.3	0.5	
氯化物	0.20		
铁/%	0.003		
砷/%	0.005		
重金属(以 Pb 计)	0.005		
pH 值	4.4～4.6	4.4～4.6	4.4～4.6

【用途】 用作水泥缓凝剂，磷酸二氢钾的缓凝作用比磷酸二氢钠和磷酸二氢钙强得多，且最高温度峰也有所降低。

食品工业中用于制造烘焙物，作膨松剂、调味剂、发酵助剂、营养强化剂、酵母食料；用作色谱分析试剂及缓冲剂；用作高效磷钾复合肥料，适用于各种土壤和作物；作品质改良剂，有提高络合金属离子含量、pH 值、增加离子强度等的作用，由此改善食品的结着力和持水性；医药上用于使尿酸化，作营养剂；配制缓冲液，测定砷、锑、磷、铝和铁，配制磷标准液；配制单倍体育种用各种培养基；测定血清中无机磷、碱性酸酶活力；制备细菌血清检验钩端螺旋体的培养基等。

【制法】 工业生产方法有中和法、复分解法、萃取法、电渗析法、离子交换法等。

① 复分解法。将 30%氢氧化钠溶液加入盛有蒸馏水的反应器中，在搅拌下缓慢加入 85%磷酸进行中和反应，使溶液中和至 pH＝4.1～4.3，制得磷酸二氢钠，然后加入 90%氯化钾于 100℃左右进行复分解反应，并保温半小时使其达到平衡。加入除砷剂和除重金属剂进行溶液净化，过滤，除去砷和重金属等杂质，滤液冷却至常温。加入已除砷的磷酸调 pH＝4.4～4.7，用水调相对密度为 31～32，搅拌 30min 后，析出结晶，经离心分离，制得饲料用磷酸二氢钾成品。其反应方程式如下：

$$NaH_2PO_4 + KCl \longrightarrow KH_2PO_4 + NaCl$$

母液蒸发至 108～109℃时，料液由澄清转为白色，得到氯化钠结晶，过滤除去。滤液返回流程使用。

② 中和法。由磷酸与氢氧化钾按计量中和而得到。将氢氧钾配成相对密度为 1.3（约 30%）。中和液浓缩至相对密度 1.32～1.33 后过滤，再冷却至 36℃

以下结晶。离心分离、干燥得产品。母液回收。也可用磷酸钾、碳酸钾中和。

③ 磷酸复分解法。用饱和的氯化钾溶液与过量75%磷酸于120～130℃下进行复分解反应。产生的氯化氢气体被水吸收得到副产品酸。然后用氢氧化钾中和过量的磷酸，控制终点pH在4.2～4.6。最后冷却结晶、离心分离、干燥得产品。母液回用。也可以热法磷酸与农用氯化钾为原料，经过分解、中和、脱氟等步骤生产饲料磷酸二氢钾。取农用KCl49g，溶于100mL水中，加入KOH（工业品）1g，完全溶解后倒入烧瓶，浓缩至质量为124～117.5g。趁热加入磷酸56.4g，在搅拌下投入碳酸氢铵39g左右，调pH=3.0～3.5。将析出的晶体过滤后用10mL水淋洗、抽干。将所得磷酸二氢钾溶于100mL（2%）KOH溶液，在其中加入2gSiO_2和几滴助沉淀剂聚丙烯酰胺，搅拌20min，形成氟硅酸钾沉淀，冷却至30℃，过滤后加入适量的除氟助剂碳酸钙，搅拌10min，形成氟化钙沉淀。滤液浓缩后冷却至35～40℃，然后用磷酸回调pH=4.4～4.7，过滤、烘干。

④ 氢氧化钾法。将除铁的氢氧化钾溶液（约30%KOH）加入带有搅拌和蒸汽夹套的搪瓷反应釜中，在搅拌下缓慢加入适量的磷酸（稀释成50% H_3PO_4）进行中和反应，维持反应温度在85～100℃，控制pH=4.2～4.6，反应终点溶液相对密度1.32～1.33。经蒸发浓缩至相对密度1.38～1.42时送到结晶工序，冷却至36℃以下析出结晶，再经分离脱水、洗涤、干燥，制得磷酸二氢钾。

⑤ 氯化钾法。将95%氯化钾溶于70～80℃热水中，调成接近于饱和的溶液，与75%磷酸按KCl∶H_3PO_4=1∶1.2的配比加入反应器中，于150～170℃进行中和反应，生成磷酸二氢钾和氯化氢。氯化氢经冷却回收成盐酸。反应液加入稀氢氧化钾溶液进行中和，终点控制pH=4.4～4.6，经蒸发浓缩、冷却结晶、离心分离、适当水洗，再经干燥制得磷酸二氢钾成品。母液中含有大量的磷酸二氢钾、氯化钾和游离酸，返回流程配料使用。

【安全性】 刺激眼睛和皮肤。

【参考生产企业】 沈阳化工二厂，上海联合化工厂，杭州小河化工厂等。

D023 四硼酸钠

【产品名】 四硼酸钠（CAS号：1330-43-4）

【别名】 无水硼砂；无水四硼酸钠

【英文名】 sodium tetraborate；diso dium tetraborate

【结构式或组成】

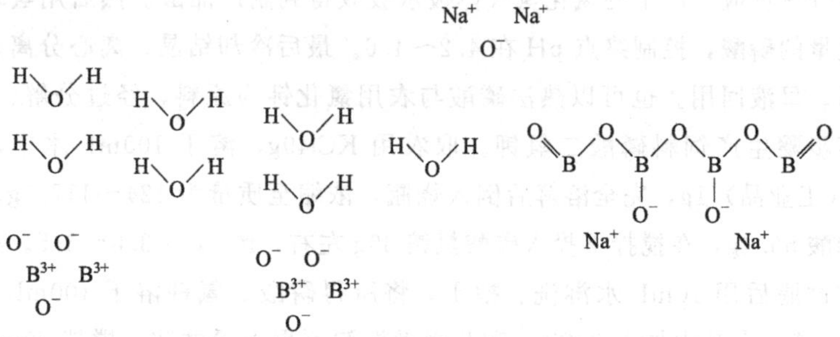

【分子式】 $Na_2B_4O_7$

【分子量】 201.21

【物化性质】 无水硼砂为白色结晶或玻璃体，α斜方晶体熔点 742.5℃，密度 2.28；β斜方晶体熔点 664℃，密度 2.75。吸湿性较强，溶于水，慢慢溶于甲醇，可形成浓度为 13%～16% 的溶液。熔点 741℃，沸点 1575℃，密度 2.367g/mL（25℃）。

【质量标准】 GB/T 537—2009《工业十水合四硼酸二钠》四硼酸钠质量指标见表 4-20。

表 4-20 四硼酸钠质量指标

外观		白色细小结晶体	
产品等级		优等品	一等品
主含量($Na_2B_4O_7 \cdot 10H_2O$)/%	≥	99.5	95.0
碳酸盐(以 CO_2 计)/%	≤	0.1	0.2
水不溶物/%	≤	0.04	0.04
硫酸盐(以 SO_4^{2-} 计)/%	≤	0.1	0.2
氯化物(以 Cl^- 计)/%	≤	0.03	0.05
铁(Fe)/%	≤	0.002	0.005

【用途】 硼砂是一种强缓凝剂，不仅用于硅酸盐水泥，也用于硫酸盐水泥。其缓凝机理是硼酸盐分子与溶液中的 Ca^{2+} 形成络合物，从而抑制了 Ca^{2+} 结晶析出。络合物主要是以 $C_3A \cdot 3Ca(BO_2)_2 \cdot H_2O$ 的形式在水泥颗粒表面形成一层

无定形的阻隔层，从而延缓了水泥的水化与结晶析出。硼砂的掺量为水泥质量的1%～2%。

可用作合金的助熔剂，用于耐热及优质玻璃、光学玻璃的制造，还可用作搪瓷工业的釉药。

【制法】 ① 加压碱解法。将预处理的硼镁矿粉与氢氧化钠溶液混合，加温加压分解得偏硼酸钠溶液，再经碳化处理即得硼砂。其反应方程式如下：

$$(2MgO \cdot B_2O_3)+2NaOH+H_2O \longrightarrow 2NaBO_2+2Mg(OH)_2$$

$$4NaBO_2+CO_2 \longrightarrow Na_2B_4O_7+Na_2CO_3$$

② 碳碱法。将预处理的硼镁矿粉与碳酸钠溶液混合加温，通二氧化碳升压后反应得硼砂。其反应方程式如下：

$$2(2MgO \cdot B_2O_3)+Na_2CO_3+2CO_2+xH_2O \longrightarrow Na_2B_4O_7+(4MgO \cdot 3CO_2 \cdot xH_2O)$$

③ 纯碱碱解法（井盐卤水）。将井盐卤水处理后得硼砂糊，与纯碱混合蒸煮即得硼砂。其反应方程式如下：

$$CaB_4O_7+Na_2CO_3 \longrightarrow Na_2B_4O_7+CaCO_3$$

$$4H_3BO_3+Na_2CO_3 \longrightarrow Na_2B_4O_7+6H_2O+CO_2$$

④ 纯碱碱解法（钠硼解石）。用纯碱和小苏打分解预处理后的钠硼解石，加苛化淀粉沉降、结晶得硼砂。

【安全性】 无毒，可作食品添加剂，人体限量元素。

【参考生产企业】 上海麦恪林生化科技有限公司，成都格雷西亚化学技术有限公司，百灵威科技有限公司等。

D024 硫酸锌

【产品名】 硫酸锌（CAS号：7733-02-0）

【别名】 锌矾；皓矾

【英文名】 zine sulfate；biolectra zink；bonazen；bufopto zinc sulfate；complexonat；honny fresh 10p；kreatol；op-thal-zin；optraex；olvazinc；solvezink；sulfuric acid zinc salt；verazinc；white vitriol；z-span；zinc sulfate（1∶1）；zinc sulfate（$ZnSO_4$）；zinc vitriol；zinc（Ⅱ）sulfate；zincaps；zincate；zinco；zincomed；zin sulphate mono/hepta

【结构式或组成】

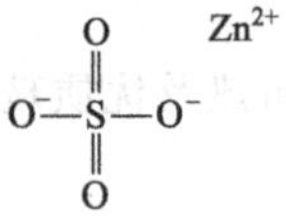

【分子式】 $ZnSO_4$

【分子量】 161.47

【物化性质】 纯硫酸锌在空气中久储时不会变黄，置于干燥空气中会风化失水生成白色粉末。硫酸锌是无色或白色斜方晶体或粉末，易溶于水，水溶液呈酸性，也溶于乙醇和甘油。它有多种水合物：在 0～39℃范围内与水相平衡的稳定水合物为 $ZnSO_4 \cdot 7H_2O$，39～60℃内为 $ZnSO_4 \cdot 6H_2O$，60～100℃内则为 $ZnSO_4 \cdot H_2O$。当加热到 250℃时各种水合物完全失去结晶水，680℃时分解为硫酸氧锌 $Zn_3O(SO_4)_2$，750℃以上进一步分解，最后在 930℃左右分解为氧化锌。

【质量标准】 GB/T 666—2011《七水合硫酸锌（硫酸锌）》。硫酸锌质量指标见表 4-21。

表 4-21 硫酸锌质量指标

外观		白色结晶	
产品等级		分析纯	化学纯
含量($ZnSO_4 \cdot 7H_2O$)/%	≥	99.5	99.0
pH 值(50g/L,25℃)		4.4～6.0	4.4～6.0
澄清度试验/号	≤	3	5
水不溶物/%	≤	0.01	0.02
氯化物(Cl^-)/%	≤	0.0005	0.002
总氮量(N)/%	≤	0.001	0.002
砷(As)/%	≤	0.00005	0.0002
钠(Na)/%	≤	0.05	0.1
镁(Mg)/%	≤	0.005	0.01
钾(K)/%	≤	0.01	0.02
钙(Ca)/%	≤	0.005	0.01
锰(Mn)/%	≤	0.0003	0.001
铁(Fe)/%	≤	0.0005	0.002
铜(Cu)/%	≤	0.001	0.005
镉(Cd)/%	≤	0.0005	0.002
铅(Pb)/%	≤	0.001	0.01

【用途】 锌盐（硫酸锌、碳酸锌、氯化锌、硝酸锌等）作为缓凝剂时，作用时间不够持久，因而很少单独使用，而是与有机缓凝剂复合后用于调节混凝土的坍落度保持率和水泥凝结时间，锌盐有降低贫混凝土泌水的作用，而且不影响早期强度的增长。

用于生产立德粉；也是生产黏胶纤维和维尼纶纤维的重要辅助材料，作人造丝、化纤丝及人造羊毛的酸浴处理；在医药工业上用于制造维生素 B_2 和红霉素等药品；在农业上可作微量元素使用；也可以作媒染剂、收敛剂、木材防腐剂等。

【制法】 由锌或氧化锌与硫酸作用或由闪锌矿在反射炉烘焙后，经萃取精制而得。

【安全性】 环境危险物质，有刺激性。

【参考生产企业】 上海有色冶炼厂，上海长征化工厂，广东韶关冶炼厂，贵阳冶炼厂，成都综合化工厂等。

D025 氟硅酸钠

【产品名】 氟硅酸钠（CAS 号：16893-85-9）

【别名】 六氟硅酸钠

【英文名】 sodium fluorosilicate

【分子式】 Na_2SiF_6

【分子量】 188.05

【物化性质】 白色结晶，结晶性粉末或无色六方结晶。无臭无味。相对密度 2.68；有吸潮性。溶于乙醚等溶剂中，不溶于醇。在酸中的溶解度比水中大。在碱液中分解，生成氟化钠及二氧化硅。灼热（300℃）后，分解成氟化钠和四氟化硅，有毒。

【质量标准】 GB 23936—2009。氟硅酸钠质量指标见表 4-22。

表 4-22 氟硅酸钠质量指标

外观	白色晶体		
产品等级	优等品	一等品	合格品
氟硅酸钠(Na_2SiF_6)/% ≥	99.0	98.5	97.0
游离酸(以 HCl 计)/% ≤	0.10	0.15	0.20
105℃干燥减量/%	0.30	0.40	0.60

续表

氯化物(以 Cl^- 计)/%		0.15	0.20	0.30
水不溶物/%	≤	0.4	0.5	
硫酸盐(以 SO_4^{2-} 计)/%	≤	0.25		
铁(Fe)/%	≤	0.02		
五氧化二磷(P_2O_5)/%	≤	协商		
细度(通过 250pm 试验筛)/%	≥	90	90	90

【用途】 氟硅酸钠是建筑、建材工业用量最大的氟硅酸盐品种。可用作水泥缓凝剂，一般掺量为水泥质量的0.1%～0.2%，主要用于耐酸混凝土。

在农药工业中用于制造杀虫剂，木材工业中作防腐剂，用作耐酸水泥的吸湿剂，用作玻璃和搪瓷的乳白剂，天然乳胶制品中用作凝固剂，电镀锌、镍、铁三元镀层中作添加剂，还可用作塑料填充剂。

【制法】 用硫酸处理磷灰石生产过磷酸钙时，释放出的氟化氢气体又与矿石中的杂质二氧化硅反应生成四氟化硅气体，用水吸收四氟化硅生成氟硅酸 H_2SiF_6 溶液，再加入氯化钠即得氟硅酸钠：

$$H_2SiF_6 + 2NaCl \longrightarrow Na_2SiF_6 + 2HCl$$

工业上常用方法：①沉淀法，氟硅酸与氯化钠溶液反应，生成氟硅酸钠沉淀物，经过液固分离、洗涤、干燥等工序制得产品；②磷肥复产法，将磷肥（或者湿法磷酸）生产过程中的含氟废气用水吸收，再与氯化钠反应而得；③中和法，用碳酸钠（或者氢氧化钠）中和氟硅酸可得。

【运输与储存】 密封包装，并储于干燥通风处；避免与氧化剂、食用化学品接触。

【安全性】 有毒危险品，吸入、皮肤接触和不慎吞咽有毒。

【参考生产企业】 北京市新俊杰建材厂，武汉市华创化工有限公司，滨州市广友化工有限公司等。

D026 丙三醇

【产品名】 丙三醇（CAS号：56-81-5）

【别名】 甘油

【英文名】 glycerol；glycerine；1,2,3-propanetriol

【结构式或组成】

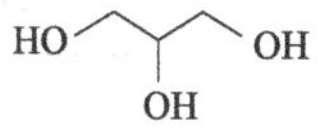

【分子式】 $C_3H_8O_3$

【分子量】 92.09

【物化性质】 无色透明黏稠液体。味甜，具有吸湿性，可燃。熔点 17.8℃(18.17℃，20℃)，沸点 290℃(分解)、263.0℃(53.2kPa)、240.0℃(26.6kPa)、167.2℃(1.33kPa)、153.8℃(0.665kPa)、125.5℃(0.133kPa)，闪点（开杯）177℃，相对密度 d_{20}^{20} 1.26362，自燃点 392.8℃，折射率 1.4746，黏度（20℃）1499mPa·s，蒸气压（100℃）26Pa，表面张力（20℃）63.4mN/m。甘油能与水和乙醇混溶，水溶液为中性。1 份甘油能溶解在 500 份乙醚或 11 份乙酸乙酯中。不溶于苯、氯仿、四氯化碳、二硫化碳、石油醚、油类。能从空气中吸收潮气，也能吸收硫化氢、氰化氢和二氧化硫。无气味。纯甘油置于 0℃的低温处，能形成熔点为 17.8℃的有光泽斜方晶体，含少量水即妨碍结晶。不同浓度（质量分数）的甘油水溶液的冰点为：10%，−1.6℃；30%，−9.5℃；50%，−23.0℃；66.7%，−46.5℃；80%，−20.3℃；90%，−1.6℃。在自然界中，甘油主要以甘油酯的形式广泛存在于动植物体内。

【质量标准】 GB/T 687—2011。丙三醇质量指标见表 4-23。

表 4-23 丙三醇质量指标

产品等级		分析纯	化学纯
含量($C_3H_8O_3$)/%	≥	99.0	97.0
色度/黑曾单位	≤	10	30
灼烧残渣(以硫酸盐计)/%	≤	0.001	0.005
酸度(以 H^+ 计)/(mmol/g)	≤	0.0005	0.001
碱度(以 OH^- 计)/(mmol/g)	≤	0.0003	0.0006
氯化物(Cl^-)/%	≤	0.0001	0.001
硫酸盐(SO_4^{2-})/%	≤	0.0005	0.001
铵(NH_4^+)/%	≤	0.0005	0.001
砷(As)/%	≤	0.00005	0.0002
铁(Fe)/%	≤	0.0001	

续表

重金属(以Pb计)/%	≤	0.0001	0.0005
脂肪酸酯(以甘油三丁酯计)/%	≤	0.05	0.1
蔗糖和葡萄糖		合格	合格
还原银物质		合格	合格
易炭化物质		合格	合格

【用途】 用于水泥缓凝剂，丙三醇可使水泥停止水化反应。

用于气相色谱固定液及有机合成，也可用作溶剂、气量计及水压机减震剂、软化剂、抗生素发酵用营养剂、干燥剂等。

【制法】 甘油的工业生产方法可分为两大类：以天然油脂为原料的方法，所得甘油俗称天然甘油，天然甘油的生产过程包括净化、浓缩得到粗甘油，以及粗甘油蒸馏、脱色、脱臭的精制过程；以丙烯为原料的合成法，所得甘油俗称合成甘油，从丙烯合成甘油的多种途径可归纳为两大类，即氯化和氧化。现在工业上仍在使用丙烯氯化法及丙烯不定期乙酸氧化法。

① 丙烯氯化法。这是合成甘油中最重要的生产方法，共包括四个步骤，即丙烯高温氯化、氯丙烯次氯酸化、二氯丙醇皂化以及环氧氯丙烷的水解。环氧氯丙烷水解制甘油是在150℃、1.37MPa二氧化碳压力下，在10%氢氧化钠和1%碳酸钠的水溶液中进行的，生成甘油含量为5%～20%的含氯化钠的甘油水溶液，经浓缩、脱盐、蒸馏，得纯度为98%以上的甘油。

② 丙烯过乙酸氧化法。丙烯与过乙酸作用合成环氧丙烷，环氧丙烷异构化为烯丙醇。后者再与过乙酸反应生成环氧丙醇（即缩水甘油），最后水解为甘油。过乙酸的生产不需要催化剂，乙醛与氧气气相氧化，在常压、150～160℃、接触时间24s的条件下，乙醛转化率11%，过乙酸选择性83%。上述后两步反应在特殊结构的反应精馏塔中连续进行。原料烯丙醇和含有过乙酸的乙酸乙酯溶液送入塔后，塔釜控制在60～70℃、13～20kPa。塔顶蒸出乙酸乙酯溶剂和水，塔釜得甘油水溶液。此法选择性和收率均较高，采用过乙酸为氧化剂，可不用催化剂，反应速率较快，简化了流程。生产1t甘油消耗烯丙醇1.001t，过乙酸1.184t，副产乙酸0.947t。目前，天然甘油和合成甘油的产量几乎各占50%，而丙烯氯化法约占合成甘油产量的80%。

【安全性】 易燃，刺激眼睛。

【参考生产企业】 山东大唐精细化工有限公司，湖北兴银河化工有限责任公司，深圳泰达化工有限公司等。

D027 聚乙烯醇

【产品名】 聚乙烯醇（CAS 号：9002-89-5）

【英文名】 poly（vinyl alcohol）；PVA

【结构式或组成】

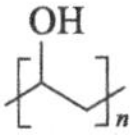

【分子式】 $(C_2H_4O)_n$

【分子量】 $44n$

【物化性质】 聚乙烯醇树脂系列为白色固体，外观分为絮状、颗粒状、粉状三种。无毒无味、无污染，可在 80～90℃水中溶解。其水溶液有很好的黏结性和成膜性。能耐油类、润滑剂和烃类等大多数有机溶剂。具有长链多元醇酯、醚化、缩醛化等化学性质。

【质量标准】 聚乙烯醇产品标准（GB 31630—2014）。聚乙烯醇质量指标见表 4-24。

表 4-24 聚乙烯醇质量指标

干燥减量/%	≤	5.0
炽灼残渣/%	≤	1.0
水不溶物/%	≤	0.1
粒度(通过 0.150mm 试验筛)/%	≤	99.0
甲醇和乙酸甲酯/%	≤	1.0
酸值(以 KOH 计)/(mg/g)	≤	3.0
酯化值(以 KOH 计)/(mg/g)		125～153
水解度/%		86.5～89.0
黏度(4%溶液,20℃)/(mPa·s)		4.8～5.8
铅(Pb)/(mg/kg)	≤	2

【用途】 聚乙烯醇结构中同时具有亲水基和疏水基两种官能团，具有一定的缓凝作用。其用作混凝土缓凝剂时，掺量为水泥的 0.05%～0.3%，增大掺量会出现严重的缓凝现象，混凝土强度明显降低。

用于制造聚乙烯醇缩醛、耐汽油管道和维尼纶合成纤维、织物处理、乳化剂、纸张涂层、黏合剂等。

【制法】 由醋酸乙烯酯经皂化而成。

【安全性】 无毒无味、无污染，对皮肤和眼睛有一定刺激性。

【参考生产企业】 山西三维集团，格雷西亚（成都）化学技术有限公司，上海东仓国际贸易有限公司等。

D028 羟乙基纤维素

【产品名】 羟乙基纤维素（CAS号：9004-62-0）

【别名】 2-羟乙基醚纤维素；2-羟乙基纤维素；氢氧乙基纤维素；纤维素羟乙基醚

【英文名】 hydroxyethyl cellulose；hydroxyethyl cellulose ether；hydroxyethyl ether cellulose；natrosol；natrosol 240JR；natrosol 250 H；natrosol 250 HHR；natrosol 250 M；natrosol L 250；natrosol LR；HEC

【结构式或组成】

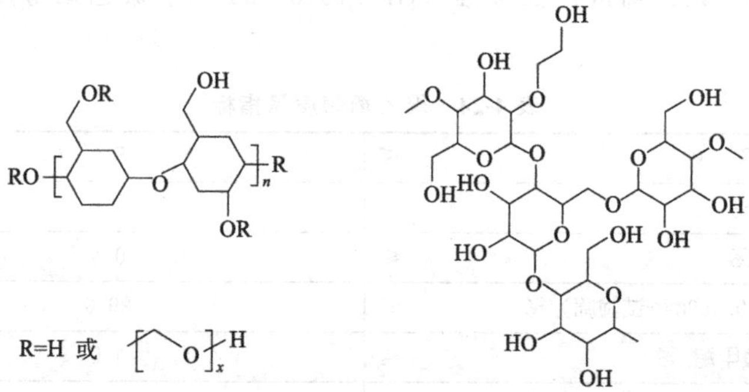

【分子式】 $C_2H_6O_2 \cdot x(C_{29}H_{52}O_{21})$

【分子量】 $62+736.71x$

【物化性质】 羟乙基纤维素是一种白色或者淡黄色、无味、无毒的纤维状或粉末状固体，由碱性纤维素和环氧乙烷（或氯乙醇）经醚化反应制备，属于非离子型可溶纤维素醚类。无毒、无味。熔点288～290℃，密度0.75g/mL(25℃)。易溶于水，不溶于一般有机溶剂。pH值在2～12范围内黏度变化较小，但超过此范围黏度下降。具有增稠、悬浮、黏合、乳化、分散、保持水分等性能。

【质量标准】 羟乙基纤维素质量指标见表 4-25。

表 4-25 羟乙基纤维素质量指标

外观		白色或淡黄色纤维状或粉末状固体
摩尔取代度(MS)		1.8～2.0
水分/%	≤	10
水不溶物/%	≤	0.5
pH 值		6.0～8.5
重金属/(μg/g)		20
灰分/%	≤	5
黏度(2%,20℃水溶液)/(mPa·s)		5～60000
铅/%	≤	0.001

【安全性】

① 产品存在着粉尘爆炸的危险，当大量处理或散装处理时要小心避免空气中的粉尘沉积和悬浮，不能靠近热、火星、火焰和静电。

② 避免甲基纤维素粉末进入和接触眼睛，操作时应穿戴过滤面具和安全护目镜。

③ 产品在湿润时很滑，撒掉的甲基纤维素粉末应及时清理，并做好防滑处理。

【制法】 将原料棉短绒或精制粕浆浸泡于30%的碱液中，半小时后取出，进行压榨。压至含碱水比例达 1 ∶ 2.8，移至粉碎装置中进行粉碎。将粉碎好的碱纤维投入反应釜中。密封抽真空，充氮。用氮气将釜内空气置换干净后，压入经过预冷的环氧乙烷液体。在冷却下控制 25℃反应 2h，得羟乙基纤维素粗品。用酒精洗涤粗品并加醋酸调 pH 值至 4～6。再加乙二醛交联老化，用水快速洗涤，最后离心脱水烘干，磨粉，得低盐羟乙基纤维素。

碱纤维素是一种天然高分子，每一个纤维基环上含有三个羟基，最活泼羟基反应，生成羟乙基纤维素。

【消耗定额】

原料名称	单耗/(kg/t)
棉短绒或低粕浆	730～780
液碱(30%)	2400
环氧乙烷	900
酒精(95%)	4500
醋酸	240
乙二醛(40%)	100～300

【用途】 用作混凝土缓凝剂，主要用于增稠保水，同时具有缓凝作用。掺量一般较低，在0.1%以下。

用作胶黏剂、表面活性剂、胶体保护剂、分散剂、乳化剂及分散稳定剂等。在涂料、油墨、纤维、染色、造纸、化妆品、农药、选矿、采油及医药等领域具有广泛的应用。

【参考生产企业】 河北兴泰公司，上海中基行化工，山东雨田化工等。

D029 羧甲基纤维素

【产品名】 羧甲基纤维素（CAS号：9000-11-7）

【英文名】 cellulose CM；CM-cellulose；carboxymethyl cellulose；carboxymethyl cellulose ether；CMC

【结构式或组成】

【分子式】 $[C_6H_7O_2(OH)_2CH_2COONa]_n$

【分子量】 240.20

【物化性质】 羧甲基纤维素钠（CMC）属于阴离子型纤维素醚类，外观为白色或微黄色絮状纤维粉末或白色粉末，无臭、无味、无毒。易溶于冷水或热水，形成具有一定黏度的透明溶液。溶液为中性或微碱性，不溶于乙醇、乙醚、异丙醇、丙酮等有机溶剂，可溶于含水60%的乙醇或丙酮溶液。有吸湿性，对光热稳定，黏度随温度升高而降低，溶液在pH值为2～10时稳定，pH值低于2，有固体析出，pH值高于10黏度降低。变色温度227℃，炭化温度252℃，2%水溶液表面张力71mN/m。

【用途】 用作建筑缓凝剂，具有一定的缓凝作用，但主要用于增稠和保水组分，掺量通常在0.1%以下。

可用于石油工业掘井泥浆处理剂、合成洗涤剂、有机助洗剂，纺织印染上浆剂、日用化工产品水溶性胶状增黏剂、医药工业用增黏及乳化剂、食品工业用增黏赋型剂、陶瓷工业用胶黏剂、工业糊料、造纸工业用施胶剂等。

【制法】 CMC的主要化学反应是纤维素和碱生成碱纤维素的碱化反应以及碱纤维素和一氯乙酸的醚化反应。

第一步碱化：

$$[C_6H_7O_2(OH)_3]_n + nNaOH \longrightarrow [C_6H_7O_2(OH)_2ONa]_n + nH_2O$$

第二步醚化：

$$[C_6H_7O_2(OH)_2ONa]_n + nClCH_2COONa \longrightarrow [C_6H_7O_2(OH)_2OCH_2COONa]_n + nNaCl$$

【安全性】 无臭、无味、无毒。

【参考生产企业】 陕西万达工程材料有限公司，北京市诚通钻井材料厂，郑州强宇科技有限公司等。

D030 羧甲基纤维素钠

【产品名】 羧甲基纤维素钠（CAS号：9004-32-4）

【别名】 羧甲基纤维素钠盐；羧甲基醚纤维素钠盐

【英文名】 carboxymethyl cellulose；carboxymethylcellulose sodium；cellulose carboxymethyl ether sodium salt；CMC sodium salt；CMC-Na；CMC；carboxymethyl cellulose，sodium salt；sodium carboxymethyl cellulose；cellulose carboxymethyl ether sodium；carboxyl methyl cellulose sodium；carboxymethyl cellulose sodium；CMC sodium；CMC-4lf sodium；carbose sodium；carboxymethylcellulosum sodium；carboxymethyl cellulose ether sodium；carboxymethylated cellulose pulp sodium；carmellose sodium；carmellosum sodium；carmelosa sodium；cellulose gum 7h sodium；cellulose carboxymethylate sodium；cellulose，（carboxymethyl）sodium；cellulose，ether with glycolic acid sodium；celluloseglycolic acid sodium；colloresine sodium；croscarmellose sodium；croscarmellosum sodium；sodium acetate-hexose（1∶1∶1）acetic acid；2,3,4,5,6-pentahydroxyhexanal

【结构式或组成】

$C_6H_7O_2(OH)_2OCH_2COONa$

【分子式】 $C_8H_{11}O_7Na$

【分子量】 242

【物化性质】 白色或淡黄色粉末。无味、无臭、无毒、不霉。相对密度1.60，薄片相对密度 1.59，容积密度 $0.618g/cm^3$。折射率 1.515。加热至 190～205℃时呈褐色，至 235～248℃时炭化。有吸湿性，溶于水呈透明状胶体，在中性或微碱性时为高黏度液体。不溶于酸、甲酚、乙醇、丙酮、氯仿、苯等，难溶于甲醇、乙醚。对化学药品、热、光稳定。不易发酵。对油脂、蜡的乳化力大。CMC 是纤维素经羧甲基化而制得的聚合物，纯的羧甲基纤维素无实用价值，实际使用的是其钠盐。

【用途】 在水泥中具有一定的缓凝效果，但主要作为水泥基材料的增稠剂和保水剂，作用效果与羧甲基纤维素类似。

最大用途是配制肥皂及合成洗涤剂，还可用作石油工业钻井泥浆的悬浮稳定剂，在造纸工业中作添加剂可提高纸的纵向强度和平滑度，作涂料可提高纸的印刷可适应性，在食品工业中用作增稠剂、乳液稳定剂，在纺织工业中用作浆剂、印染浆的增稠剂，在医药工业中可作针剂的乳化稳定剂、片剂的黏结剂和成膜剂，在化妆品、陶瓷等生产中用作增稠剂。

【制法】 将纤维素与氢氧化钠水溶液或氢氧化钠水乙醇溶液制成碱纤维素，再与一氯醋酸或一氯醋酸钠作用而得粗制品。碱性产品经干燥、粉碎而成市售羧甲基纤维素（钠盐型）。粗制品再经过中和，洗涤，除去氯化钠后，经干燥、粉碎而成精制羧甲基纤维素钠。制法可分为以水为介质进行反应的水媒法和在异丙醇、乙醇、丙酮等溶剂中进行反应的溶剂法。

【安全性】 防止皮肤和眼睛接触。

【参考生产企业】 山东潍坊力特复合材料有限公司，大城县鑫杰纤维素厂，德州佳信德纤维素有限公司等。

D031 木质素磺酸盐

【产品名】 木质素磺酸盐

【英文名】 lignosulfonate

【分子式】 $C_{20}H_{24}Na_2O_{10}S_2$；$C_{20}H_{24}CaO_{10}S_2$；$C_{20}H_{24}MgO_{10}S_2$

【物化性质】 自由流动性粉末，易溶于水，化学性质稳定，长期密封储存不分解。主要有木质素磺酸钙、木质素磺酸钠和木质素磺酸镁。

【质量标准】 木质素磺酸盐质量指标见表 4-26。

【用途】 木质素原料丰富，价格低廉，并具有较好的调凝效果，可用作混凝土缓凝剂。应用后可使水化热的释放速率明显减慢，放热峰值明显降低。

表 4-26 木质素磺酸盐质量指标

项目			指标
减水率/%	≥		8
泌水率比/%	≤		100
含气量/%	≤		4.0
凝结时间之差/min		初凝	-90～+90
		终凝	
抗压强度比	≥	3d	115
		7d	115
		28d	110
收缩率比/%	≤	28d	135

同时可作为水泥减水剂和增强剂使用。

【制法】 木质素磺酸盐是亚硫酸盐法生产化纤浆或纸浆后被分离的木质素的磺酸盐。

【安全性】 本品不含硫酸钠，对混凝土的耐久性无损害。

【参考生产企业】 安阳市双环助剂有限责任公司，徐州成正精细化工有限公司，新沂市经纬科技有限公司等。

E 防冻剂

一、术语

防冻剂（anti-freezingadmixture）

二、定义

能使新拌混凝土在负温下硬化，并在规定养护条件下达到预期性能的外加剂。

三、简介

防冻剂是我国北方地区常用的外加剂。当室外日平均气温连续 5 天低于 5℃时，该地区的混凝土工程施工即进入冬季施工。为了保证混凝土工程施工的质量和速率，掺加防冻剂是最常用、最简单、最经济的技术措施，因而得到了广泛应用。

冬季混凝土施工实质是在自然负温环境中要创造可能的养护条件，使混凝土得以凝结硬化，并获得强度增长。通常在不采取其他措施的情况下，混凝土施工环境的气温越低，其凝结时间越长。在 0～4℃时，混凝土的凝结时间比 15℃时延长约 3 倍；在温度降低到 －10℃时，水化反应停止，混凝土强度不再增长。

无机盐类防冻剂掺入混凝土后，能够降低空隙中水的冰点，使水泥在负温下仍能进行水化反应。有机防冻组分不仅能够降低水的冰点，同时能够使冰的晶格变形，减小结冰引起的膨胀压力，缓解对混凝土结构的破坏作用。加速水泥的水化速率，尽快使混凝土早期强度获得发展，也是混凝土防冻的重要措施。因此早强类物质也是防冻剂的重要组成部分。

混凝土工程使用的防冻剂主要有如下几类。

① 无机盐类防冻剂。

a. 氯盐类防冻剂：以氯盐为防冻组分的外加剂。

b. 氯盐阻锈类防冻剂：含有阻锈组分，并以氯盐为防冻组分的外加剂。

c. 无氯盐类防冻剂：以亚硝酸盐、硝酸盐、碳酸盐等无机盐为防冻组分的外加剂。

② 有机化合物类防冻剂：以某些醇类、尿素等有机化合物为防冻组分的外加剂。

③ 复合型防冻剂：以防冻组分复合早强、引气和减水组分的外加剂。

掺加防冻剂的混凝土性能指标应满足 JC 475—2004 规定，见表 5-1。

表 5-1 掺防冻剂混凝土性能要求

序号	试验项目		性能指标					
			一等品			合格品		
1	减水率/% ≥		10			—		
2	泌水率比/% ≤		80			100		
3	含气量/% ≥		2.2			2.0		
4	凝结时间差/min	初凝	−150～+150			−210～+210		
		终凝						
5	抗压强度比% ≥	规定温度/℃	−5	−10	−15	−5	−10	−15
		R_{-7}	20	12	10	20	10	8
		R_{28}	100	95	95	95	90	90
		R_{-7+28}	90	90	85	90	85	80
		R_{-7+56}	100	100	100	100	100	100
6	28d 收缩率比/%		135					
7	渗透高度比/% ≤		100					
8	50 次冻融强度损失率/% ≤		100					
9	对钢筋锈蚀作用		应说明对钢筋无锈蚀作用					

E001 氯盐类

参见早强剂部分。

E002 硫酸盐类

参见早强剂部分。

E003 硝酸盐类

参见早强剂部分。

E004 亚硝酸盐类

参见早强剂部分。

E005 尿素

【产品名】 尿素（CAS 号：57-13-6）

【别名】 脲；碳酰胺；碳酰二胺脲

【英文名】 urea；carbamide；ureophil

【结构式或组成】

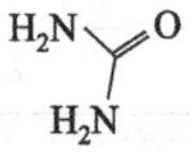

【物化性质】 本品为无色或白色针状或棒状结晶体，工业或农业品为白色略带微红色固体颗粒，无臭无味。

含氮量约为 46.67%，密度 1.335g/cm^3，熔点 132.7℃。溶于水、醇，难溶于乙醚、氯仿。呈弱碱性。

【质量标准】 GB 2440—2001。尿素质量指标见表 5-2。

表 5-2 尿素质量指标

项目		工业用			农业用		
		优等品	一等品	合格品	优等品	一等品	合格品
总氮(N)(以干基计)/%	≥	46.5	46.3	46.3	46.4	46.2	46.0
缩二脲/%	≤	0.5	0.9	1.0	0.9	1.0	1.5

续表

项目		工业用			农业用		
		优等品	一等品	合格品	优等品	一等品	合格品
水分(H_2O)/% ≤		0.3	0.5	0.7	0.4	0.5	1.0
铁(以 Fe 计)/% ≤		0.0005	0.0005	0.0010			
碱度(以 NH_3 计)/% ≤		0.01	0.02	0.03			
硫酸盐(以 SO_4^{2-} 计)/% ≤		0.005	0.010	0.020			
水不溶物/% ≤		0.005	0.010	0.040			
亚甲基二脲(以 HCHO 计)/% ≤					0.6	0.6	0.6
粒度/%	d 0.85～2.80mm ≥ d 1.18～3.35mm ≥ d 2.00～4.75mm ≥ d 4.00～8.00mm ≥	90	90	90	93	90	90

【用途】 尿素与硝酸钙、亚硝酸钙等无机盐复合作为混凝土的防冻剂。

尿素还主要用作化肥。工业上还用作制造脲醛树脂、聚氨酯、三聚氰胺-甲醛树脂的原料。在医药、炸药、制革、浮选剂、颜料和石油产品脱蜡等方面也有广泛的用途。用作分析试剂、稳定剂。用作液体洗涤剂的增溶剂。对钢铁、不锈钢化学抛光有增光作用，在金属酸洗中用作缓蚀剂，也用于钯活化液的配制。

【制法】 工业上用液氨和二氧化碳为原料，在高温高压条件下直接合成尿素，化学反应如下：

$$2NH_3+CO_2 \longrightarrow NH_2COONH_4 \longrightarrow CO(NH_2)_2+H_2O$$

【安全性】 在使用前一定要保持尿素包装袋完好无损，运输过程中要轻拿轻放，防雨淋，储存在干燥、通风良好、温度在 20℃以下的地方。

如果是大量储存，下面要用木方垫起 20cm 左右，上部与房顶要留有 50cm 以上的空隙，以利于通风散湿，垛与垛之间要留出过道，以利于检查和通风。已经开袋的尿素如没用完，一定要及时封好袋口，以利下年使用。

【参考生产企业】 北京冬歌博业生物科技有限公司，青岛裕丰达精细化工有限公司等。

E006 三乙醇胺

参考早强剂部分 C019。

E007 三异丙醇胺

【产品名】 三异丙醇胺（CAS号：122-20-3）

【别名】 三丙醇胺

【英文名】 tris-iso-propanolamine；TIPA

【结构式或组成】

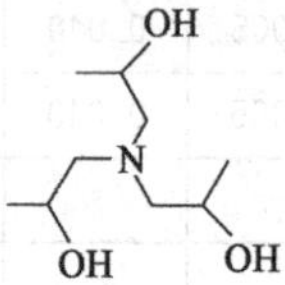

【物化性质】 白色结晶性固体，具有弱碱性，易燃。熔点45℃，凝固点52℃，沸点170～180℃，蒸气压小于1.33Pa。

【质量标准】 优级品、一级品含量分别≥98%、≥95%，伯、仲胺等分别≤0.001mol/g和≤0.003mol/g。

【用途】 用作防冻剂，工业中将三异丙醇胺、聚羧酸高性能减水剂、壬基酚聚氧乙烯醚、硫酸锂和水混合作为混凝土防冻剂。

用作医药原料、照相显影液溶剂。人造纤维工业中作石蜡油的溶剂。由于三异丙醇胺与长链脂肪酸生成的盐有良好的着色稳定性，因此特别适用作化妆品的乳化剂。

【制法】 由环氧丙烷与氨反应制得，是生产异丙醇胺的联产品。

【安全性】 本品低毒，对眼睛、皮肤和中枢神经有刺激作用。

【参考生产企业】 上海助剂厂，常州助剂厂，浙江大学化工厂等。

E008 乙二醇

【产品名】 乙二醇（CAS号：107-21-1）

【别名】 甘醇；1,2-亚乙基二醇

【英文名】 glycol；ethanediol；ethylene glycol；EG

【结构式或组成】

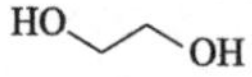

【物化性质】 本品是有甜味的黏稠性液体。熔点－12.6℃，沸点197.6℃，相对密度1.1132，闪点111℃，能与水、乙醇、丙酮、醋酸甘油、吡啶等混溶，

微溶于乙醚，不溶于苯、石油醚、卤代烃等，能够溶解氯化钙、氯化锌、氯化钠、碳酸钾、氯化钾、碘化钾、氢氧化钾等无机物。

【质量标准】 符合 GB/T 4649—2008 标准，含量≥99.8%，初馏点 196℃，干点 199℃，水分<0.10%，相对密度 1.1128～1.1138，色度（Pt-Co）<5 号，加盐酸加热后<20 号。

【用途】 用作防冻剂，与水混合后由于改变了冷却水的蒸汽压，冰点显著降低。其降低的程度在一定范围内随乙二醇的含量增加而下降。

用于制造树脂、增塑剂、合成纤维、化妆品和炸药，并用作溶剂，配制发动机的抗冻剂。主要用作聚酯纤维涤纶的原料。也用于制造聚酯树脂、增塑剂、化妆品、炸药、防冻液、耐寒润滑油、表面活性剂等。还用作清漆、染料、油墨、某些无机化合物的溶剂以及气体脱水剂、肼的萃取剂等。

【制法】 以氯乙醇为原料在碱性介质中水解而得，该反应在 100℃下进行，先生成环氧乙烷，而后在 1.01MPa 压力下加压水解生成乙二醇。

以工业品乙二醇为原料，经减压蒸馏，于 1333Pa 下收集中间馏分即可。

【安全性】 储存于阴凉、通风的库房。远离火种、热源。应与氧化剂、酸类分开存放，切忌混储。配备相应品种和数量的消防器材。储区应备有泄漏应急处理设备和合适的收容材料。用镀锌铁桶包装，每桶 100kg 或 200kg。储存时应密封，长期储存要氮封、防潮、防火、防冻。按易燃化学品规定储运。

【参考生产企业】 大连有机合成厂，迈奇化学股份有限公司，常州化工厂等。

F 速凝剂

一、术语

速凝剂（flashing setting admixture）

二、定义

能使水泥混凝土迅速凝结硬化的外加剂。

三、简介

速凝剂是喷射混凝土（无论是干喷、潮喷和湿喷）中必不可少的外加剂。目前，我国喷射混凝土施工中还普遍采用传统碱性粉状速凝剂，传统速凝剂中含有高碱性物质，不仅会造成混凝土后期强度损失严重（通常可达到30%～50%），还会导致碱骨料反应。此外，使用粉状速凝剂施工时粉尘大、混凝土回弹量大、碱对施工操作人员皮肤腐蚀性强。

目前世界各国正在大力发展使用无碱液体速凝剂的湿喷施工工艺，以克服喷射混凝土施工中存在的问题。因此，近几年来国内外研究重点是开发低碱或无碱的液体速凝剂。德国建筑研究及技术有限责任公司研制了一种由硫酸铝与溶解氢氧化铝、羟基羧酸以及醇胺类物质组成的溶液或悬浮液速凝剂。瑞士MBT控股有限公司将硫酸铝和无定形氢氧化铝溶于含有胺的水中制得一种混凝土速凝剂。日本Nitto化学工业有限公司采用碱金属的硫酸盐或碳酸盐再加入一种水溶性的铝盐或碳酸镁合成速凝剂。美国及欧洲各国使用钙盐和铝盐代替碱金属盐来研制和生产无碱速凝剂。国内的北京工业大学、南京工业大学以及江苏博特新型材料有限公司和中铁江苏奥莱特新材料公司也已经采用不同原材料合成了低碱或无碱液体速凝剂。总体而言，我国的液体速凝剂研究刚刚起步，很多工作有待进一步研究。

速凝剂可用于喷射法施工的砂浆或混凝土，也可用于有速凝要求的其他混凝土。粉状速凝剂宜用于干法施工的喷射混凝土，液体速凝剂宜用于湿法施工的喷射混凝土。永久性支护或衬砌施工使用的喷射混凝土以及对碱含量有特殊要求的喷射混凝土工程宜选用当量 Na_2O 含量小于1%的低碱速凝剂。

喷射混凝土工程用粉状速凝剂种类包括：

① 以铝酸盐、碳酸盐等为主要成分的粉状速凝剂。

② 以硫酸铝、氢氧化铝等为主要成分与其他无机盐、有机物复合而成的低碱粉状速凝剂。

喷射混凝土工程用液体速凝剂包括：

① 以铝酸盐、硅酸盐为主要成分与其他无机盐、有机物复合而成的液体速凝剂。

② 以硫酸铝、氢氧化铝等为主要成分与其他无机盐、有机物复合而成的低碱液体速凝剂。

掺加速凝剂的净浆及硬化砂浆性能要求按照建材行业标准 JC 477—2005 执行，见表 6-1。

表 6-1　掺速凝剂的净浆及硬化砂浆的性能要求

产品等级	试验项目			
	净浆		砂浆	
	初凝时间/min ≤	终凝时间/min ≤	1d 抗压强度/MPa ≥	28d 抗压强度比/% ≥
一等品	3:00	8:00	7.0	75
合格品	5:00	12:00	6.0	70

F001 铝酸钠

【产品名】 铝酸钠（CAS 号：1302-42-7）

【别名】 氧化铝钠；偏铝酸钠

【英文名】 sodium aluminate

【结构式或组成】

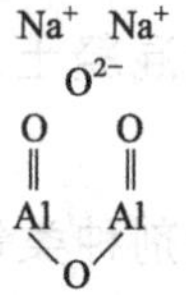

【物化性质】 白色无定形结晶粉末，有吸湿性。溶于水，不溶于醇。工业产品 $Na_2O:Al_2O_3=1.05\sim1.50$，铝酸钠水合物由浓缩的铝酸钠溶液结晶制得。水溶液呈强碱性，能渐渐吸收水分而分解生成氢氧化铝，加入碱或带氢氧根多的有机物则较稳定。

【质量标准】 HG/T 4518—2013《工业铝酸钠》。

【用途】 广泛用于工业用水和自来水的净化，能降低水的硬度和加快悬浮固体的沉降。与硅酸盐化合能改进分子筛结构。可作为石油烃转化的催化剂和载体，以及制造无定形氧化铝催化剂的原料。也用于制造稳定的硅胶溶液。用作玻璃和陶瓷刻蚀用的碱洗涤溶液抑制剂。造纸工业用作填充剂，也可用来降低油井水黏度以及作为钢表面处理的防护剂。也作为土壤硬化剂和用于肥皂、染料等工业。

【制法】 ① 拜耳法。将铝矾土破碎、磨细，然后与氢氧化钠溶液混合，送入高压釜内用高温压煮的方法，使铝矾土中的氧化铝变成铝酸钠而转入溶液中，分离后得铝酸钠溶液，经蒸发后即得产品。近年来碱液的高压溶出过程已由间断式发展到连续式，管道化溶出已开始用于拜耳法的生产。

② 烧结法。将铝矾土、纯碱、石灰石磨细混合，在 1200℃以上的高温下烧结，熟料用水浸取，浸取后的铝酸钠溶液经过除硅后得到精制的铝酸钠溶液，蒸发至干即得产品，烧结法又分为干料烧结法与湿料烧结法，目前湿料烧结法基本上取代了干料烧结法。

【安全性】 腐蚀性物品。会引起严重灼伤。刺激眼睛、呼吸系统和皮肤。不慎与眼睛接触后，请立即用大量清水冲洗并征求医生意见。穿戴适当的防护服、手套和护目镜或面具。

【参考生产企业】 吴江市祥龙化工有限公司，湖北合中化工有限公司，常州恒润化工厂等。

F002 碳酸钠

参见早强剂部分 C017。

F003 碳酸钾

参见早强剂部分 C018。

F004 硫酸铝

【产品名】 硫酸铝（CAS 号：10043-01-3）

【别名】 无水硫酸铝

【英文名】 aluminium sulfate

【结构式或组成】

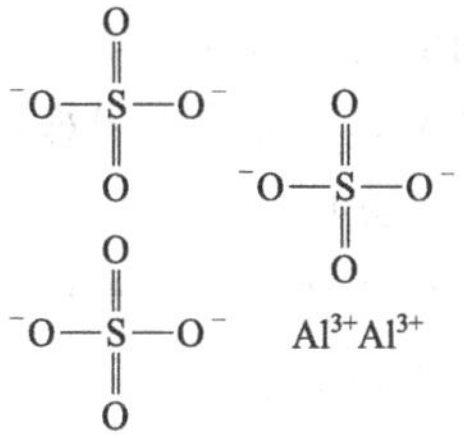

【物化性质】 白色或灰白色粉粒状晶体。工业品由于有少量硫酸亚铁存在，而使产品表面发黄。在空气中长期存放易吸潮结块。易溶于水，水溶液呈酸性反应，难溶于醇。过饱和溶液在常温下结晶为无色单斜晶体的 18 水合物，在 8.8℃以下结晶为 27 水合物。在 86.5℃时开始脱水，加热至 250℃失去结晶水。无水硫酸铝加热到 530℃开始分解，860℃时分解为 γ-Al_2O_3、SO_3、SO_2 等。无水物为具有珍珠光泽的白色结晶，粗制品为灰白色、多孔结构的晶体。

【质量标准】 HG/T 2225—2010《工业硫酸铝》。

【用途】 主要用作造纸施胶剂和饮用水、工业用水及废水处理的絮凝剂。还用作生产人造宝石和其他铝盐，如铵明矾、钾明矾、硬脂酸铝的原料。另外，还广泛用作油脂澄清剂、石油除臭脱色剂、混凝土防水剂、速凝剂和防雨布原料、媒染剂、鞣革剂、医药收敛剂、木材防腐剂，及用于泡沫灭火剂等方面。

【制法】

① 硫酸法。用硫酸分解铝土矿而得。

② 烧碱法。用烧碱分解铝土矿生成偏铝酸钠，经水解得氢氧化铝，再将氢氧化铝溶于硫酸而得成品。

③ 铝锭下脚料法。将铝锭下脚料溶于硫酸，滤去不溶物，使原料中杂质生成的铵明矾析出并分离后，经蒸发固化而得成品。

④ 高岭土法。高岭土（或黏土）经 700～800℃煅烧后粉碎，用过量废硫酸分解，中和后用圆盘真空过滤机进行固液分离，然后浓缩，结晶粉碎得产品。

【安全性】 燃爆危险：该品不燃，具有刺激性。

健康危害：对眼睛、黏膜有一定的刺激作用。误服大量硫酸铝对口腔和胃产生刺激作用。

毒理学资料：小鼠经口 LC_{50}：6207mg/kg。

生态学资料：通常对水体是稍微有害的，不要将未稀释或大量产品接触地下水、水道或污水系统，未经政府许可勿将材料排入周围环境。

皮肤接触：脱去污染的衣着，用流动清水冲洗。

眼睛接触：提起眼睑，用流动清水或生理盐水冲洗。就医。

吸入：脱离现场至空气新鲜处。如呼吸困难，给输氧。就医。

食入：饮足量温水，催吐。就医。

危险特性：无特殊的燃烧爆炸特性。受高热分解产生有毒的硫化物烟气。

有害燃烧产物：自然分解产物未知。

【参考生产企业】 山东三丰集团有限公司，湖北新飞化工有限责任公司，山东江源精化有限公司等。

F005 氢氧化钠

【产品名】 氢氧化钠（CAS 号：1310-73-2）

【别名】 烧碱；火碱；苛性钠

【英文名】 sodium hydroxide

【结构式或组成】 NaOH

【物化性质】 氢氧化钠为白色半透明结晶状固体，其水溶液有涩味和滑腻感。极易溶于水，溶解时放出大量的热。易溶于水、乙醇以及甘油。氢氧化钠在空气中易潮解。具有很强的吸水性。

氢氧化钠溶于水中会完全解离成钠离子与氢氧根离子，所以它具有碱的通性。

它可与任何质子酸进行酸碱中和反应：

$$NaOH + HCl = NaCl + H_2O$$

$$2NaOH + H_2SO_4 = Na_2SO_4 + 2H_2O$$

$$NaOH + HNO_3 = NaNO_3 + H_2O$$

同样，其溶液能够与盐溶液发生复分解反应：

$$NaOH + NH_4Cl = NaCl + NH_3 \cdot H_2O$$

$$2NaOH + CuSO_4 = Cu(OH)_2 \downarrow + Na_2SO_4$$

$$2NaOH + MgCl_2 = 2NaCl + Mg(OH)_2 \downarrow$$

皂化反应：

$$RCOOR' + NaOH = RCOONa + R'OH$$

氢氧化钠溶液通常使石蕊试液变蓝，使酚酞试液变红。

【质量标准】 GB 209—2006《工业用氢氧化钠》。

【用途】

① 广泛用于造纸、化工、印染、医药、冶金（炼铝）、化纤、电镀、水处理等。用于造纸、纤维素浆粕的生产。用于肥皂、合成洗涤剂、合成脂肪酸的生产以及动植物油脂的精炼。纺织印染工业用作棉布退浆剂、煮炼剂和丝光剂。化学工业用于生产硼砂、氰化钠、甲酸、草酸、苯酚等。石油工业用于精炼石油制品，并用于油田钻井泥浆中。还用于氧化铝、金属锌和金属铜的表面处理以及玻璃、搪瓷、制革、医药、染料和农药方面。食品级产品在食品工业上用作酸中和剂，可作柑橘、桃子等的去皮剂，也可作为空瓶、空罐等容器的洗涤剂，以及脱色剂、脱臭剂。

② 广泛应用的基本分析试剂，配制分析用标准碱液。

③ 用作中和剂、配合掩蔽剂、沉淀剂、沉淀掩蔽剂、少量二氧化碳和水的吸收剂、薄层分析法测定酮固醇的显色剂，用于钠盐制备及皂化剂。

④ 在化妆品膏霜类中，本品和硬脂酸等皂化起乳化剂作用，用以制造雪花膏、洗发膏等。

【制法】 工业上生产烧碱的方法有苛化法和电解法两种。苛化法按原料不同分为纯碱苛化法和天然碱苛化法；电解法可分为隔膜电解法和离子交换膜法。

① 纯碱苛化法。将纯碱、石灰分别经化碱制成纯碱溶液、化灰制成石灰乳，于99～101℃进行苛化反应，苛化液经澄清、蒸发浓缩至40%以上，制得

液体烧碱。将浓缩液进一步熬浓固化，制得固体烧碱成品。苛化泥用水洗涤，洗水用于化碱。其反应方程式如下：

$$Na_2CO_3 + Ca(OH)_2 \longrightarrow 2NaOH + CaCO_3$$

② 天然碱苛化法。天然碱经粉碎、溶解（或者碱卤）、澄清后加入石灰乳在95～100℃进行苛化，苛化液经澄清、蒸发浓缩至NaOH浓度46%左右，清液冷却、析盐后进一步熬浓，制得固体烧碱成品。苛化泥用水洗涤，洗水用于溶解天然碱。其反应方程式如下：

$$Na_2CO_3 + Ca(OH)_2 \longrightarrow 2NaOH + CaCO_3 \downarrow$$

$$NaHCO_3 + Ca(OH)_2 \longrightarrow NaOH + CaCO_3 \downarrow + H_2O$$

③ 离子交换膜法。将原盐化盐后按传统的办法进行盐水精制，把一次精盐水经微孔烧结碳素管式过滤器进行过滤后，再经螯合离子交换树脂塔进行二次精制，使盐水中钙、镁含量降到0.002%以下，将二次精制盐水电解，于阳极室生成氯气，阳极室盐水中的Na^+通过离子膜进入阴极室与阴极室的OH^-生成氢氧化钠，H^+直接在阴极上放电生成氢气。电解过程中向阳极室加入适量的高纯度盐酸以中和返迁的OH^-，阴极室中应加入所需纯水。在阴极室生成的高纯烧碱浓度为30%～32%（质量分数），可以直接作为液碱产品，也可以进一步熬浓，制得固体烧碱成品。反应方程式如下：

$$2NaCl + 2H_2O \longrightarrow 2NaOH + H_2 \uparrow + Cl_2 \uparrow$$

【安全性】 侵入途径：吸入、食入。健康危害：该品有强烈刺激和腐蚀性。粉尘或烟雾会刺激眼和呼吸道，腐蚀鼻中隔，皮肤和眼与NaOH直接接触会引起灼伤，误服可造成消化道灼伤、黏膜糜烂、出血和休克。

该品不会燃烧，遇水和水蒸气大量放热，形成腐蚀性溶液；与酸发生中和反应并放热；具有强腐蚀性；危害环境。

燃烧（分解）产物：可能产生有害的毒性烟雾。

【参考生产企业】 山东海化股份有限公司，淄博永嘉化工有限公司，永清县天崎化工厂等。

F006 氢氧化铝

【产品名】 氢氧化铝（CAS号：21645-51-2）

【别名】 水合氧化铝；三羟基铝

【英文名】 aluminium hydroxide

【结构式或组成】

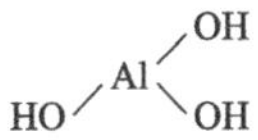

【物化性质】 纯品为白色结晶或粉末。结晶主要是以单斜晶系存在的三水铝石，也称α-三水合氧化铝和三羟铝石，又称β-三水合氧化铝。无定形粉末以氧化铝水凝胶形式存在。加热时，失去水分，分解成氧化物。不溶于水和乙醇，能溶于热盐酸、硫酸和强碱，是一种既能与酸反应，又能与强碱反应的两性化合物。

工业上，常将氢氧化铝称为三水合氧化铝、一水合氧化铝等，其实它们不含水合水。三水合氧化铝在这里所指的是氢氧化铝。而一水合氧化铝是一种羟基氧化物，有α和β两种结晶，对应地称为勃姆石和硬水铝矿。

【质量标准】 GB/T 4294—2010《氢氧化铝》。

【用途】 用作颜料和填料用在纸张、油墨、各种美术颜料等中，作展色剂用在玻璃和搪瓷中，作润滑剂组分，用于制防水织物。在化工中用于制各种铝盐。

【制法】

① 拜耳法。在加压下，以烧碱处理铝土矿，随后分解所生成的铝酸钠溶液，并将早先生成的部分三水合氧化铝作为晶种加入，从而沉淀出α-三水合氧化铝颗粒。所得颗粒为一种颗粒度为50～100μm的复聚球状物。

② 明矾石法。以明矾石为原料，采用还原热解法和拜耳法生产出硫酸钾、氢氧化铝和硫酸三种产品。

将明矾破碎球磨，脱水还原，产生的炉气制酸。以氢氧化钠溶出，沉降分离，压滤，分解，过滤产生硫酸钾和氢氧化铝。

【安全性】 不慎与眼睛接触后，请立即用大量清水冲洗并征求医生意见。穿戴适当的防护服。

铝的毒性作用一是对肺组织的机械刺激作用；二是使蛋白沉淀，并形成无炎症表现的纤维质状不可逆的蛋白化合物。吸入铝粉尘主要损害肺，称铝土肺；慢性症状有消瘦、极易疲劳、呼吸困难、咳嗽。氢氧化铝比铝更明显地引起肺泡上皮增生。最高容许浓度为$6mg/m^3$。小口创伤可先用酒精、汽油处理，再覆盖无毒敷料；大伤口可切除并缝合伤口，用磺胺类制剂和青霉素疗法。在粉尘含量高的场所工作应佩戴防毒面具、防护眼镜，穿防尘工作服，以保护皮肤、眼睛。每年应定期体检一次。

【参考生产企业】 淄博林嘉铝业科技有限公司，淄博昌丰化工有限公司，常州恒润化工厂等。

F007 三乙醇胺

参见早强剂部分 C019。

F008 二乙醇胺

参见早强剂部分 C020。

F009 水玻璃

【产品名】 水玻璃（CAS 号：1344-09-8）

【别名】 泡花碱；硅酸钠

【英文名】 water glass

【结构式或组成】 $Na_2O \cdot nSiO_2$

【物化性质】 本品为硅酸钠的水溶液，无色透明或半透明玻璃状液体。

【质量标准】 GB/T 4209—2008《工业硅酸钠》。水玻璃的质量指标见表 6-2。

表 6-2 水玻璃的质量指标

外观	无色透明或半透明玻璃状液体
SiO_2/Na_2O(质量比)	3.1±0.5
模数M	3.2±0.5
密度(20℃)/(g/cm³)	1.37～1.42
Na_2O/%	≥8.2
SiO_2/%	≥28.0
黏度(25℃)/(MPa·s)	100～250

【用途】 用作速凝剂。以水玻璃为主要成分，加以重铬酸钾、亚硝酸钠、三乙醇胺等复合成硅酸钠型液体速凝剂。

涂刷材料表面，提高其抗风化能力，可提高材料的密实度、强度、抗渗性、抗冻性及耐水性等。配制速凝防水剂。修补砖墙裂缝，可起到黏结和补强作用。硅酸钠水溶液可做防火门的外表面。可用来制作耐酸胶泥，用于炉窖类的内衬。

【制法】 将纯碱和硅砂按一定比例均匀混合，在 1400～1500℃进行熔融反应，熔融物经水淬冷却形成玻璃料，趁热投入溶解槽内，再通入蒸汽加热溶解，经沉降、浓缩，制得水玻璃。

【安全性】 保持储存容器密封，储存在阴凉、干燥的地方，确保工作间有良好的通风或排气装置。不可与酸类物品共储混运。

【参考生产企业】 深圳市宝凯仑科技有限公司，广州友巨贸易有限公司，枣庄胜鹏水玻璃有限公司等。

F010 无水硫铝酸钙

【产品名】 无水硫铝酸钙

【英文名】 calcium sulphoaluminate

【结构式或组成】 $CaO \cdot Al_2O_3 \cdot 3CaSO_4$

【物化性质】 等轴晶系，密度 2.61g/cm^3。折射率 $n_D=1.568$。1400℃以上可分解为铝酸钙、氧化钙和三氧化硫。

【用途】 用作速凝剂。用氯酸钙、硫铝酸钙、碱性的铝盐和水溶性硫酸盐合成速凝剂。

是一种早强矿物，是快硬、膨胀、自应力水泥的主要组成成分。也可作为硅酸盐水泥的早强剂和膨胀剂。

【制法】 由氧化钙、三氧化二铝和硫酸钙于1000～1250℃反应生成。

【参考生产企业】 北京德昌伟业建筑工程技术有限公司，深圳市诚功建材实业有限公司，天津市盛富江化工有限公司等。

F011 氟硅酸镁

【产品名】 氟硅酸镁（CAS 号：18972-56-0）

【别名】 氟矽化镁；六氟硅酸镁

【英文名】 magnesium fluosilicate；magnesium silicofluoride

【结构式或组成】 $MgSiF_6 \cdot 6H_2O$

【物化性质】 本品为无色或白色菱形或针状结晶，不易潮解，但可风化而失去结晶水，在 80℃以上时则脱水、分解而放出四氟化硅气体。易溶于水，溶于稀酸，难溶于 HF，不溶于醇。与碱作用时可生成相应的氟化物及二氧化硅。

【质量标准】 化工行业标准 HG/T 2768—2009《工业氟硅酸镁》。氟硅酸镁质量指标见表 6-3。

表 6-3　氟硅酸镁质量指标

外观	无色或白色菱形或针状结晶
氟硅酸镁/%	≥98
硫酸盐/%	≤0.5
氟酸盐/%	≤0.2
水分/%	≤0.6
水不溶物/%	≤0.25
二氧化硅/%	≤0.05
氟化镁/%	≤0.15

【用途】 用作速凝剂，改善混凝土的硬化剂和防水剂。用于硅石建筑物表面的氟风化处理、陶瓷的制造、织物防虫及用作杀虫剂。

【制法】 中和法先由萤石、硅砂和硫酸制得氟硅酸溶液，净化后加入反应器，然后加入菱苦土粉悬浮液中和至 pH＝3～4 左右时，即得氟硅酸镁溶液，再经过滤、浓缩、结晶、离心分离、干燥，制得氟硅酸镁成品。其反应方程式如下：

$$3CaF_2 + 3H_2SO_4 + SiO_2 \longrightarrow 3CaSO_4 + H_2SiF_6 + 2H_2O$$

$$H_2SiF_6 + MgO \longrightarrow MgSiF_6 + H_2O$$

【安全性】 应储存在阴凉、干燥的库房中，注意防潮。装运时不要用钩，要小心轻放，防止包装破裂。勿与食用品、种子等共储混运。

【参考生产企业】 昆明合起工贸有限公司，佛山市南海双氟化工有限公司，福建渠成化工有限公司等。

F012　氟硅酸钙

【产品名】 氟硅酸钙（CAS 号：16925-39-6）

【别名】 硅氟化钙；六氟合硅酸钙

【英文名】 calcium fluorosilicate

【结构式或组成】 $CaSiF_6$

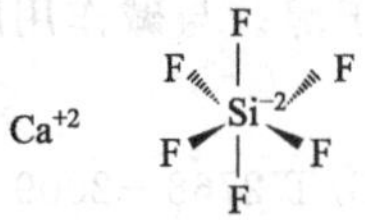

【物化性质】 本品为白色晶状粉末。相对密度为 2.66（17.5℃），溶于水，溶

于氟硅酸、盐酸、乙醇。

【质量标准】 氟硅酸钙质量指标见表 6-4。

表 6-4 氟硅酸钙质量指标

外观		白色四方结晶
氟硅酸钙/%	≥	98.5
氟硅酸/%	≤	0.5
水分/%	≤	0.3
水不溶物/%	≤	0.2

【用途】 用作速凝剂；用作浮选剂、杀虫剂等；用作木材防腐剂和混凝土硬化剂等。

【制法】 由碳酸钙与氟硅酸作用而制得。

【安全性】 禁配物：强酸。

【参考生产企业】 昆明合起工贸有限公司，湖南开明科技有限公司，昆明市松海商贸有限公司等。

F013 氟硅酸铝

【产品名】 氟硅酸铝（CAS 号：17099-70-6）

【别名】 九水六氟硅酸铝

【英文名】 aluminium fluosilicate

【结构式或组成】 $Al_2(SiF_6)_3$

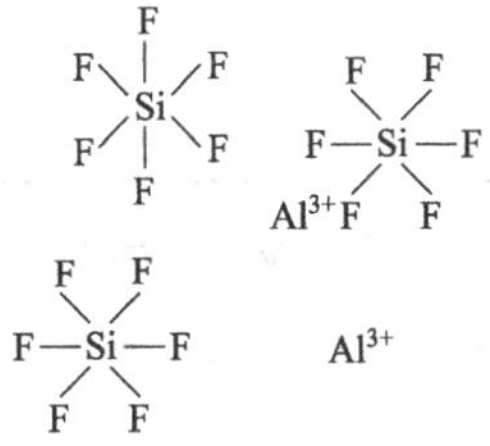

【物化性质】 白色粉末，相对密度 3.58，易溶于热水，缓慢溶于冷水。

【用途】 用作速凝剂，氟硅酸铝和配位剂、胺、增黏剂一起使用作为速凝剂。

用作改善混凝土硬度和强度的硬化剂和防水剂，用于硅石建筑物表面的氟风化处理，用于陶瓷的制造、织物防虫，还可用于杀虫剂等方面。

【制法】 由氟硅酸和氢氧化铝反应制取。将硅酸铝、二氧化硅、氢氟酸以化学计量摩尔比在水溶液中反应，即可得到氟硅酸铝。

【安全性】 本品应密封保存。

【参考生产企业】 昆明合起工贸有限公司，湖南开明科技有限公司，昆明市松海商贸有限公司等。

F014 氟化钠

【产品名】 氟化钠（CAS号：7681-49-4）

【别名】 皮萨草

【英文名】 sodium fluoride；pisa grass

【结构式或组成】 NaF

【物化性质】 无色发亮晶体或白色粉末，相对密度2.25，熔点993℃，沸点1695℃。溶于水、氢氟酸，微溶于醇。水溶液呈弱碱性，溶于氢氟酸而成氟化氢钠，能腐蚀玻璃。有毒。

【质量标准】 参照YS/T 517—2009。氟化钠质量指标见表6-5。

表6-5 氟化钠质量指标

等级	化学成分/%						H_2O/%
	NaF	SiO_2	Na_2CO_3	硫酸盐(SO_4^{2-})	酸度(HF)	水中不溶物	
	不小于	不大于					
一级	98	0.5	0.5	0.3	0.1	0.7	0.5
二级	95	1.0	1.0	0.5	0.1	3	1.0
三级	84	—	2.0	2.0	0.1	10	1.5

【用途】 用作速凝剂。工业上使用碳酸钠、氟化钠为主要成分的速凝剂，但具有较大的毒性。还用无水硫酸铝与氟化钠、减水剂、增黏剂配合成硫酸铝型液体速凝剂。

用于机械刀片和刨刀的镶钢以增强焊接强度。其次用作木材防腐剂、酿造业杀菌剂、农业杀虫剂（须染上蓝色）、医用防腐剂、焊接助熔剂、饮水的氟处理剂。还用于其他氟化物和酪蛋白胶、氟化钠牙膏的生产，以及黏结剂、造纸和冶金行业。在元素氟生产中，用于除去微量氟化氢。此外，还用于搪瓷和制药等工业。作食品强化剂。我国规定可用于食盐，最大使用量为0.1g/kg。用作分析试剂，如生成配合物作掩蔽剂，生成不溶性氟化物作沉淀剂。还作助熔剂和防腐剂。用于络合水中的铁离子，减小铁对胶黏剂基料等聚合反应的影响。也可将本品与其他盐类制成浆膏，用于修复电杆及枕木。用作防腐剂时，常与铬盐、砷盐、五氯酚钠或二硝基苯酚等并用，具有协同增效作用。在铝及合金的碱性纹理蚀刻中，添加适量的氟化钾可增加蚀刻表面的白度，其用作铝及合金钝化及磷化中的活化剂，可促进钝化膜和磷化膜的形成，但浓度过高会使膜层疏松，甚至不能成膜。氟化钠用于电镀镍、锡和化学镀镍、镀锌的低铬酸的钝化，铝和镁合金的化学氧化以及钢铁磷化等溶液中。

【制法】

① 熔浸法。将萤石、纯碱和石英砂在高温（800～900℃）下煅烧，然后用水浸取，再经蒸发、结晶、干燥得成品。

② 中和法。用纯碱或烧碱中和氢氟酸而得。在中和锅内用母液溶解纯碱，然后加入30%的氢氟酸中和至pH=8～9，且有CO_2气体逸出为止，氢氟酸中往往含有氟硅酸杂质，中和后生成氟硅酸钠，在90～95℃下加热1h，氟硅酸钠即分解。中和过程中pH不得低于8，否则氟硅酸钠难被碱分解，中和液静置1h，清液经浓缩后冷却析出氟化钠结晶，再经离心分离、干燥、粉碎得成品。

【安全性】 储存于阴凉、通风的库房，远离火种、热源，应与氧化剂分开存放，切忌混储，储区应备有合适的材料收容泄漏物。

【参考生产企业】 昆明合起工贸有限公司，深圳市宝凯仑科技有限公司，上海思域化工科技有限公司，湖北兴银河化工有限公司等。

F015 氯化钙

【产品名】 氯化钙（CAS号：10043-52-4）

【别名】 无水氯化钙

【英文名】 calcium chloride；calcium chloride fused

【结构式或组成】 $CaCl_2$

【物化性质】 本品为白色固体。无毒、无臭、味微苦。吸湿性极强，暴露于空气中极易潮解。易溶于水，同时放出大量的热，其水溶液呈微酸性。溶于醇、丙酮、醋酸。

【质量标准】 氯化钙质量指标见表6-6。

表 6-6 氯化钙质量指标

外观	白色块状固体	
产品等级	一等品	合格品
氯化钙/%	≥95.0	≥90.0
镁及碱金属氯化物/%	≤2.5	≤4.0

【用途】 用作速凝剂。氯化钙与二水石膏复合使用有很好的速凝效果。

无机工业用作制造金属钙、氯化钡、各种钙盐（如磷酸钙等）的原料。建筑工业用作防冻剂，以加速混凝土硬化和提高建筑砂浆的耐寒能力。还用作织物的防火剂、海港的消雾剂、路面的集尘剂和食品的防腐剂等。它是生产色淀颜料的沉淀剂。氯化钙溶液是致冷工业中重要的冷冻剂。

【制法】 由碳酸钙与盐酸作用结晶而制得（加热可转为无水氯化钙）。反应的方程式：

$$CaCO_3 + 2HCl \longrightarrow CaCl_2 + H_2O + CO_2 \uparrow$$

【安全性】 储存于阴凉、通风的库房，远离火种、热源，储区应备有合适的材料收容泄漏物。

【参考生产企业】 连云港华扬制钙有限公司，苏州翔鹰化工科技有限公司，蒙阴天誉钙业有限公司等。

F016 碳酸锂

【产品名】 碳酸锂（CAS 号：554-13-2）

【英文名】 lithium carbonate

【结构式或组成】 Li_2CO_3

【物化性质】 白色粉末或无色单斜晶体。微溶于水，水溶液呈碱性，并随温度升高其溶解度下降；溶于酸；不溶于醇和丙酮。在真空中加热至 600℃不分解，于 1310℃则分解成二氧化碳和氧化锂。

【质量标准】 GB/T 11075—2013《碳酸锂》。

【用途】 用作搪瓷、玻璃的添加剂，可提高瓷器的光滑度，降低熔点，并增强瓷器的耐酸及耐冷激、热激性能。在显像管制造中，它可以提高显像管的稳定性并提高强度和清晰度及表面光洁度。还用于制造其他锂化合物、荧光粉及电解铝工业等。

【制法】 硫酸法。将 α-锂辉石于 1100℃焙烧即可得到 β-锂辉石，经粉碎磨细后，加入硫酸，加热反应得硫酸锂，再用水浸取得硫酸锂溶液，然后用石灰乳二次净化，除去铁、铝等杂质，再经过滤、分离、浓缩，加纯碱经复分解反应得碳酸锂，再过滤分离、干燥得产品。反应式如下：

$$\beta\text{-}Li_2O \cdot Al_2O_3 \cdot 4SiO_2 + H_2SO_4 \longrightarrow Li_2SO_4 + Al_2O_3 \cdot 4SiO_2 \cdot H_2O$$

$$Li_2SO_4 + Na_2CO_3 \longrightarrow Li_2CO_3 + Na_2SO_4$$

【安全性】 健康危害：误服中毒后，主要损及胃肠道、心脏、肾脏和神经系统。中毒表现有恶心、呕吐、腹泻、头痛、头晕、嗜睡、视力障碍、口唇、四肢震颤、抽搐和昏迷等。

环境危害：对环境可能有危害，对水体可造成污染。

燃爆危险：该品不燃。

【参考生产企业】 中信国安，西藏矿业，友好集团等。

F017 氢氧化锂

【产品名】 氢氧化锂（CAS 号：1310-65-2）

【别名】 无水氢氧化锂

【英文名】 lithium hydroxide

【结构式或组成】 LiOH

【物化性质】 本品为白色细小颗粒，有辣味，强碱性，在空气中易吸收二氧化碳及水分，能溶于水，微溶于醇。

【质量标准】 GB/T 8766—2013《单水氢氧化锂》。

【用途】 用作速凝剂。锂盐产品被广泛应用于水泥制造和水泥制品工业中，其促凝、早强性能在水泥中的应用很广泛，主要是应用在堵漏行业中。

氢氧化锂可用作光谱分析的展开剂、润滑油、碱性蓄电池电解质的添加剂。可用作二氧化碳的吸收剂，可净化潜艇内的空气。

用于制锂盐及锂基润滑脂、碱性蓄电池的电解液、溴化锂制冷机吸收液等，用作分析试剂、照相显影剂，也用于锂的制造，用作制取锂化合物的原料。

【制法】 用一水合氢氧化锂为原料，在装有五氧化二磷的干燥器中干燥数日，可得到无水氢氧化锂。也可在氢气流中缓慢加热一水合氢氧化锂至 140℃脱水而制得。

【安全性】 储存于干燥、清洁的仓库内，远离火种、热源，防止阳光直射，包装密封，应与氧化剂、酸类、二氧化碳、食用化学品分开存放，切忌混储，储区应备有合适的材料收容泄漏物。

【参考生产企业】 上海思域化工科技有限公司，国药集团化学试剂有限公司，淄博恳特经贸有限公司等。

F018 丙烯酸（盐）聚合物

【产品名】 丙烯酸（盐）聚合物（CAS号：79-10-7）

【别名】 聚丙烯酸（盐）；丙烯酸（盐）均聚物

【英文名】 polyacrylic acid；PAA

【结构式或组成】 $[CH_2—CH_2(COOH)]_n$

【物化性质】 本品为无色液体，有刺激性气味，熔点13℃，沸点141.6℃，相对密度1.0511，折射率1.4185，可与水互溶，溶于乙醇、乙醚、异丙醇等。呈弱酸性，pKa为4.75。在300℃以上易分解。聚合活性很高，受光、热和遇过氧化物，易引发聚合剧烈放热。

【质量标准】 优级品、一级品含量均为99.0%；水分分别≤0.1%和≤0.5%；阻聚剂（MEHQ）分别为$(200±20)×10^{-6}$和$(200±30)×10^{-6}$。

【用途】 聚丙烯酸、聚甲基丙烯酸、羟基胺等可制成低碱有机类速凝剂，这些速凝剂凝结快、强度高。

在工业水处理中用作阻垢分散剂，可用作优良的悬浮剂、乳化剂，是一种常用的分散剂，用于循环冷却水系统作阻垢分散剂。

【制法】 将去离子水加入反应釜中，加热至60～100℃，开始滴加过硫酸铵和丙烯酸的混合溶液（用去离子水配制）。滴毕后，继续保温搅拌3～4h，即得产品。

【安全性】 用聚乙烯塑料桶或衬聚乙烯的铁桶、塑料桶包装。塑料桶包装净重25kg；铁塑料桶包装净重200kg。储存期一般为10个月。

本品为强有机酸，有腐蚀性，若直接与皮肤接触，会造成局部烫伤，蒸气对人体呼吸器官有害。

【参考生产企业】 北京东方化工厂，吉化公司电化厂，上海高桥石化公司化工二厂等。

G 膨胀剂

一、术语

膨胀剂（expanding admixture）

二、定义

膨胀剂是指在混凝土硬化过程中因化学作用能使混凝土产生一定体积膨胀的外加剂。

三、简介

水泥混凝土在水化硬化过程中会产生各种收缩而造成混凝土结构收缩开裂。掺加膨胀剂是为了引入定量的体积膨胀，补偿材料本身的收缩值，防止材料出现收缩开裂，膨胀剂的技术核心就是做到膨胀率可控。水泥混凝土材料收缩主要发生在前期硬化过程，此时给予一定值域的膨胀，即可带来有利的结果。而到了硬化后期，水泥混凝土强度与结构形态已经趋于稳定，体积膨胀不但无法带来有利结果，反而会引发结构破坏。近年来，随着混凝土材料广泛研发使用，膨胀类材料也得到各个行业的重视，广泛应用于材料的生产制造。

混凝土工程采用的膨胀剂种类包括：

① 硫铝酸钙类。

② 硫铝酸钙-氧化钙类。

③ 氧化钙类。

膨胀剂主要用于配制补偿收缩混凝土，宜用于混凝土结构自防水、工程接缝、填充灌浆，采取连续施工的超长混凝土结构，大体积混凝土工程等；用膨胀剂配制的自应力混凝土宜用于自应力混凝土输水管、灌注桩等。用硫铝酸钙类、硫铝酸钙-氧化钙类膨胀剂配制的混凝土（砂浆）不得用于长期环境温度为 80℃以上的工程。

掺膨胀剂的混凝土只适用于钢筋混凝土工程和填充性混凝土工程。

目前与膨胀剂相关的国家标准主要出现在混凝土行业，执行标准为 GB 23439—2009《混凝土膨胀剂》。

掺膨胀剂的补偿收缩混凝土，其性能指标符合国家标准性能指标要求，见表 7-1。

表 7-1　补偿收缩混凝土的限制膨胀率

用　途	限制膨胀率/%	
	水中 14d	水中 14d 转空气中 28d
用于补偿混凝土收缩	≥0.015	≥－0.030
用于后浇带、膨胀加强带和工程接缝填充	≥0.025	≥－0.020

G001 硫铝酸钙

【产品名】 硫铝酸钙

【别名】 无水硫铝酸钙

【英文名】 calcium sulphoaluminate

【结构式或组成】 $3CaO \cdot 3Al_2O_3 \cdot CaSO_4$（简写 C_4A_3）。CaO、SO_3、Al_2O_3 化合物组成的混合物

【分子式】 $Ca_4Al_6SO_{16}$

【分子量】 610

【物化性质】 等轴晶系。密度 2.61g/cm^3。折射率 1.568。1400℃以上可分解为铝酸钙、氧化钙和三氧化硫。

【质量标准】 硫铝酸钙质量指标见 7-2。

表 7-2　硫铝酸钙质量指标

外观	灰色粉末
折射率	1.568
相对密度	2.61

【用途】 是一种早强矿物，是快硬、膨胀、自应力水泥的主要组成成分。也可作为硅酸盐水泥的早强剂、速凝剂和膨胀剂。

【制法】 可由氧化钙、三氧化二铝和硫酸钙于1000～1250℃反应生成。

【安全性】 无毒，碱性。避免与眼睛和皮肤直接接触。

【运输与储存】 容易吸潮，储存在干燥、阴凉通风处，避免雨淋。

【参考生产企业】 北京德昌伟业建筑工程技术有限公司，北京创世千秋建材有限公司，郑州万邦铝业有限公司等。

G002 氧化钙

【产品名】 氧化钙（CAS 号：1305-78-8）

【别名】 石灰；生石灰

【英文名】 calcium oxide；lime；quick lime

【分子式】 CaO

【分子量】 56.08

【物化性质】 白色结晶性块状物或颗粒、粉末。溶于酸、甘油、糖溶液，微溶

于水，不溶于乙醇。在空气中吸收二氧化碳和水分。遇水生成氢氧化钙并放出大量的热。熔点 2572℃，沸点 2850℃，相对密度 3.32～3.35。

【质量标准】 HG/T 4205—2011《工业氧化钙》。氧化钙质量指标见表 7-3。

表 7-3 氧化钙质量指标

外观		Ⅰ类、Ⅲ类、Ⅳ类为白色、灰白色粉末 Ⅱ类为白色、黄褐色 50～120mm 的块状固体			
产品种类		Ⅰ类	Ⅱ类	Ⅲ类	Ⅳ类
氧化钙(CaO)/%	≥	92.0	82.0	90.0	85.0
氧化镁(MgO)/%	≤	1.5	1.6		
盐酸不溶物/%	≤	1.0	1.8	0.5	
氧化物/%	≤		1.8		
铁(Fe)/%	≤	0.1			
硫(S)/%	≤		0.18		
磷(P)/%	≤		0.02		
二氧化硅(SiO_2)/%	≤		1.2		
灼烧减量/%	≤	4.0		4.0	
细度					
(0.038mm 试验筛筛余物)/%	≤			2.0	用户协商
(0.045mm 试验筛筛余物)/%	≤	5.0			
(0.075mm 试验筛筛余物)/%	≤	1.0			
生烧过烧/%	≤		6.0		

【用途】 用于水泥混凝土膨胀剂。

可用于制造电石、液碱、漂白粉和石膏，实验室用于氨气的干燥和醇的脱水等。

【制法】 碳酸钙煅烧可得。

【安全性】 避免接触眼睛。万一接触眼睛，立即使用大量清水冲洗并送医诊治。出现意外或者感到不适，立刻到医生那里寻求帮助（最好带去产品容器标签）。穿戴合适的防护服、手套并使用防护眼镜或者面罩。

【运输与储存】 容易吸潮，储存在干燥、阴凉、通风处，避免雨淋。

【参考生产企业】 巨野泰通钙业科技有限公司，淄博晟旭工贸有限公司，常熟市宏宇钙化物有限公司等。

G003 氧化镁

【产品名】 氧化镁（CAS 号：1309-48-4）

【别名】 轻烧氧化镁；重质氧化镁；苦土；灯粉；改性氧化镁粉 SD-3；煅烧氧化镁；苛性氧化镁；轻烧镁石；单晶体氧化镁；吸湿剂氧化镁

【英文名】 magnesium oxide；magnesium oxid elight；magnesium oxide heavy；magnesium oxide mesh white powder；magnesium oxide fused crystals white xtl；magnesium oxide 96.0% for analysis；akro-mag；animag；anscorp；burnt magnesia；calcined brucite；calcined magnesite；calcinedbrucite；corox；dynamag；dynatherm；elastomag 100；elastomag 170；electromagnesia；electromagnesia（magnesium oxide）；encapsulated mgo；flamarret；fused magnesium oxide Maglite；magnesium monoxide

【分子式】 MgO

【分子量】 40.30

【物化性质】 其外观呈白色极细粉末状，无臭、无味。根据制法有轻质与重质之分。相对密度 3.58，熔点 2800℃，沸点 3600℃。溶于稀酸和铵盐溶液，极微溶于水，其溶液呈碱性，不溶于乙醇。露置空气中易吸收水分和二氧化碳，逐渐成为碱式碳酸镁。

【质量标准】 HG/T 2573—2012《工业轻质氧化镁》。氧化镁质量指标见表 7-4。

表 7-4 氧化镁质量指标

外观		白色轻质粉末					
产品等级		Ⅰ类			Ⅱ类		
		优等品	一级品	合格品	优等品	一级品	合格品
氧化镁(以 MgO 计)/%	≥	95	93	92	95	93	92
氧化钙(以 CaO 计)/%	≤	1.0	1.5	2.0	0.5	1.0	1.5
盐酸不溶物含量/%	≤	0.10	0.20		0.15	0.20	
硫酸盐(以 SO_4^{2-} 计)含量/%	≤	0.2	0.6		0.5	0.8	1.0
筛余物(150μm 试验筛)/%	≤	0	0.03	0.05	0	0.05	0.10
铁(Fe)含量/%	≤	0.05	0.06	0.10	0.05	0.06	0.10
锰(Mn)含量/%	≤	0.003	0.010		0.003	0.010	
氯化物(以 Cl^- 计)/%	≤	0.07	0.20	0.30	0.15	0.20	0.30
灼烧失重/%	≤	3.5	5.0	5.5	3.5	5.0	5.5
堆积密度/%	≤	0.16	0.20	0.25	0.20	0.20	0.25

【用途】 氧化镁水化生成氢氧化镁（水镁石），体积可增加 94%～124%。按水泥质量 5%～9%掺入，作为水泥膨胀剂，符合大体积混凝土补偿收缩的要求。

与氯化镁等溶液混合后，可制氧化镁水泥。

也可用作抗酸药和轻泻药。

【制法】

① 气相法。将高纯度金属镁和氧反应生成晶核，然后使颗粒继续生长，制得高纯度微粉氧化镁。含氧化镁80%（质量分数）以上的粗原料用无机酸（硫酸、盐酸、硝酸）以摩尔比1∶2的比例进行溶解，制成无机酸的镁盐。精制除去其中杂质，氧气气氛下进行加压、加热处理，再经水洗、脱水、干燥，于1100℃加热1h，制得高纯度氧化镁。

② 氢氧化镁煅烧法。以除杂净化的硫酸镁溶液为原料，以纯氨水为沉淀剂加入镁液中沉淀出 $Mg(OH)_2$，经板框压滤机进行固液分离，滤饼经洗涤得高纯度 $Mg(OH)_2$，再经烘干、煅烧制得高纯氧化镁。

③ 苦土粉煅烧法。苦土粉经过水选，除去杂质后沉淀成镁泥浆，然后通过消化、烘干、煅烧，使氢氧化镁脱水生成氧化镁。其反应方程式为：

$$MgO+H_2O \longrightarrow Mg(OH)_2,$$

$$Mg(OH)_2 \longrightarrow MgO+H_2O$$

④ 菱镁矿煅烧法。将菱镁矿在950℃下于煅烧炉中进行煅烧，再经冷却、筛分、粉碎，制得轻烧氧化镁。

⑤ 纯碱法。先将苦卤加水稀释至20°Bé左右加入反应器，在搅拌下徐徐加入20°Bé左右的纯碱澄清溶液，于55℃左右进行反应，生成重质碳酸镁，经漂洗、离心分离，在700～900℃进行焙烧，经粉碎、风选，制得轻质氧化镁产品。其反应方程式为：

$$5Na_2CO_3+5MgCl_2+6H_2O \longrightarrow (4MgCO_3 \cdot Mg(OH)_2 \cdot 5H_2O)+10NaCl+CO_2\uparrow$$

$$(4MgCO_3 \cdot Mg(OH)_2 \cdot 5H_2O) \longrightarrow 5MgO+4CO_2\uparrow+6H_2O$$

⑥ 碳化法。白云石经煅烧、消化、碳化后得到碱式碳酸镁，再经热分解、煅烧、粉碎、风选，即得轻质氧化镁。其反应方程式为：

$$MgCO_3 \cdot CaCO_3 \longrightarrow MgO+CaO+2CO_2\uparrow$$

$$(MgO+CaO)+2H_2O \longrightarrow Mg(OH)_2+Ca(OH)_2$$

$$Mg(OH)_2+Ca(OH)_2+3CO_2 \longrightarrow Mg(HCO_3)_2+CaCO_3+H_2O$$

$$5Mg(HCO_3)_2+H_2O \longrightarrow (4MgCO_3 \cdot Mg(OH)_2 \cdot 5H_2O)+6CO_2\uparrow$$

$$(4MgCO_3 \cdot Mg(OH)_2 \cdot 5H_2O) \longrightarrow 5MgO+4CO_2\uparrow+6H_2O$$

⑦ 碳铵法。将海水制盐后的母液（镁离子含量在50g/L左右）除去杂质后

与碳酸氢铵按适宜的比例混合，进行沉淀反应，再经离心脱水、烘干、煅烧、粉碎分级、包装，即得轻质氧化镁成品。其反应方程式为：

$$5MgCl_2 + 10NH_4HCO_3 + H_2O \longrightarrow [4MgCO_3 \cdot Mg(OH)_2 \cdot 5H_2O] + 10NH_4Cl + 6CO_2 \uparrow$$

$$[4MgCO_3 \cdot Mg(OH)_2 \cdot 5H_2O] \longrightarrow 5MgO + 4CO_2 \uparrow + 6H_2O$$

⑧ 碳酸化法。采用白云石或菱镁矿，经煅烧、加水消化、碳酸化、煅烧、粉碎，即可制得活性氧化镁。

⑨ 卤水白云石灰法。以海水或卤水为原料与石灰或白云灰发生沉淀反应，将得到的氢氧化镁沉淀进行过滤、干燥、煅烧，制得活性氧化镁。

⑩ 苦土粉-硫酸-碳铵法。将苦土粉等含镁原料与硫酸反应，生成硫酸镁溶液，其反应方程式为：

$$MgO + H_2SO_4 \longrightarrow MgSO_4 + H_2O$$

硫酸镁溶液与碳酸氢铵反应，生成碳酸镁沉淀，其反应方程式为：

$$MgSO_4 + NH_4HCO_3 + NH_3 \longrightarrow MgCO_3 \downarrow + (NH_4)_2SO_4$$

然后沉淀。

【消耗定额】 消耗定额见表 7-5。

表 7-5 消耗定额

原料名称	单耗/(kg/t)
白云石($MgO_2$20%)	1300
煤	9000

【安全性】 防止皮肤和眼睛接触。

【运输与储存】 容易吸潮，储存在干燥、阴凉、通风处，避免雨淋。

【参考生产企业】 上海牧泓实业有限公司，营口兴北耐火材料有限公司，莱州守喜镁业等。

G004 硬石膏

【产品名】 硬石膏（CAS 号：7778-18-9）

【别名】 硫酸钙石膏；硫酸钙（1∶1）；无水硫酸钙；无水石膏；煅石膏；熟石膏；烧石膏

【英文名】 sulfuric acid，calciumsalt（1∶1）；calcium sulfate（6Cl）；A30（sulfate）；basic calcium sulfate；CA5（sulfate）；CAS20；CAS20-4；calcium sulfate (1∶1); calcium sulfate ($CaSO_4$); calcium sulphate; calmatrix; capset; CoCoat P 80HB; crysalba; D1 (sulfate); D101A (sulfate); denka sigma 1000; drierite; franklin fiber H45; oparex 10; osteoset; raddichem 27; SSS-A; sulfuric acid calciumsalt; sulfuric acid calcium (2+) salt (1∶1); surgiplaster; thiolite; calcium sulfate

【结构式或组成】

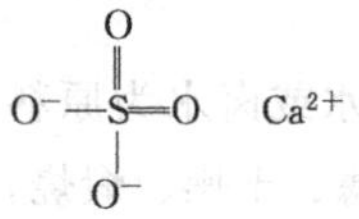

【分子式】 $CaSO_4$

【分子量】 136.14

【物化性质】 硫酸盐矿物，白色结晶性粉末，正交（斜方）晶系，晶体呈柱状或厚板状，集合体呈块状或纤维状。莫氏硬度 3～3.5，相对密度 2.96，熔点 1450℃，无气味，难溶于水（0.26g/100mL，18℃），溶液呈中性，有涩味。微溶于甘油，不溶于乙醇。

【质量标准】 GB/T 5483—2008《天然石膏》。硬石膏质量指标见表 7-6。

表 7-6 硬石膏质量指标

附着水/%（质量分数） ≤	4			
产品等级	一级	二级	三级	四级
品位/%(质量分数) ≥	85	75	65	55

【用途】 石膏是生产石膏胶凝材料和石膏建筑制品的主要原料，也是硅酸盐水泥的缓凝剂。C_3A 在水中溶解后与液相中的 SO_3 迅速生成钙矾石，沉淀于 C_3A 表面形成保护膜，阻碍了 C_3A 进一步反应，导致水化初期潜伏期的出现，起到延缓凝结的作用。常用的缓凝剂为二水石膏。

【制法】

① 由天然石膏矿除净杂质、泥土于电炉上加热至 300℃煅烧磨粉而得。

② 氨碱法的副产物氯化钙中加入硫酸钠，产物经精制而得。

③ 有机酸制造时的副产物。例如，制造草酸时所得的草酸钙用硫酸分解，精制而得。

【安全性】 穿戴合适的防护服和手套。有毒物质。吸入会致癌。

【参考生产企业】 安徽恒泰非金属材料科技有限责任公司，荆门麻城镇光邦石膏企业有限公司，上海沪泽建材科技发展有限公司等。

G005 硫酸镁

【产品名】 硫酸镁（CAS号：7487-88-9）

【别名】 水镁矾

【英文名】 magnesium sulfate

【结构式或组成】

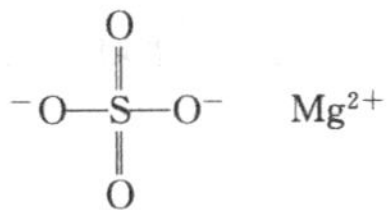

【分子量】 120.37

【物化性质】 硫酸镁为白色结晶粉末，熔点1124? C，相对密度2.66。

【质量标准】 硫酸镁质量指标见表7-7。

表7-7 硫酸镁质量指标

硫酸镁/%	≥	98
铁盐/%	≤	0.1
氯化物/%	≤	1
水不溶物/%	≤	1

【用途】 用于混凝土膨胀剂。

在医药上，用于调配防护药膏、泻药、镇痛药、解毒药；在微生物工业中用作培养基成分、酿造用添加剂、发酵时的营养源；在轻工业中用于鲜酵母、味精、饮料、矿泉水、保健盐、海水晶、沐浴康、波顿型啤酒和牙膏生产中的磷酸氢钙的稳定剂；在食品添加剂中用于营养增补剂、固化剂、增味剂，加工助剂；在化学工业中用于制造硬脂酸镁、磷酸氢镁、氧化镁等其他镁盐和硫酸钾、硫酸钠等其他硫酸盐；在印染工业中用作抗碱剂，用于印染细薄的棉布、丝，也作为棉布、丝的加重剂，也作为木棉制品的填料和用于人造丝的生产；在制造工业中用作填充剂，增强耐热性；在电镀工业中作导电盐；作饲料添加剂，主要补充镁，是家畜构成骨骼和牙齿的成分，也是多种酶的活化剂，在糖及蛋白质代谢中起重要作用；在农业上用作肥料，它是一种双元素肥，硫/镁均为中量营养元素，为作物增产提供所必需。

【制法】 由七水硫酸镁于200℃下脱水而得。

① 热熔浸法。将硫酸镁母液（30g/100mL）注入浸液器中，加入混合盐溶

液（含 $MgSO_4$ 30%以下，含氯化钠 35%以下），二者体积比是 2∶1。在 45～50℃下溶浸 4h，所得混合液经板框压滤机压滤后得到的滤液打入预冷器内除去 NaCl。将清液在 5℃左右冷却结晶。洗涤、过滤、干燥（干燥器底部温度350～400℃，顶部温度 100～150℃），得一水硫酸镁。再用回转干燥机在 400～500℃下干燥即得成品。

② 重结晶法。将一定量的工业硫酸镁（$MgSO_4 \cdot 7H_2O$）投入溶解槽内，加水溶解后，静置 2h，重金属硫酸盐沉淀后，过滤除去。滤液经浓缩、冷却结晶、离心分离，得精制的硫酸镁。再将其投入干燥器中于 200℃下脱水，得无水硫酸镁。

【安全性】 防止皮肤和眼睛接触。

【参考生产企业】 淄川区杨寨镇同川化工厂，莱州市莱玉化工有限公司，山东淄博星月硫酸镁厂等。

G006 UEA

【产品名】 UEA 膨胀剂

【别名】 U 型膨胀剂

【英文名】 U-type expansive agent for concrete; united expansing agent

【结构式或组成】 其化学成分包括 SiO_2、Al_2O_3、Fe_2O_3、CaO、MgO、SO_3、R_2O 等。

【物化性质】 它主要以硫酸铝、氧化铝、硫酸铝钾等为多种膨胀源。早期主要以无水硫酸铝钙作为膨胀源，中期主要以明矾石为膨胀源，具有稳定的膨胀作用。普通混凝土由于收缩开裂，往往会发生渗漏，因而降低它的使用功能和耐久性。在普通混凝土中加入一定量的 UEA，膨胀性结晶水化物产生的压应力挤压水泥水化物钙矾石等形成微膨胀混凝土，使凝固时产生的膨胀力密实膨胀混凝土。

【质量标准】 UEA 膨胀剂质量指标见表 7-8。

表 7-8 UEA 膨胀剂质量指标

外观	灰白色粉末
自然堆积容重/(g/mL)	1
限制膨胀率/万	2～4
自应力值/MPa	0.2～0.8
抗渗标号	比普通混凝土提高 1～2 倍

【用途】 用作补偿收缩混凝土膨胀剂使用，应用范围主要如下。

① 地下建筑：地下停车场、地下仓库、隧道、矿井、人防工程、地下人行道、机坑道。

② 建造水池、游泳池、水塔、储罐、大型容器、粮仓、油罐、山洞内储存库等。

③ 结构自防水刚性屋面、砂浆防渗层、砂浆防潮层。

④ 预制构件、框架结构接头的锚接、管道接头、后张预制构件的灌浆材料、构筑物后浇缝回填、岩基灌浆材料。

⑤ 要求抗裂性好、外观美观的重要建筑物，如体育场看台、城市雕塑像、纪念碑、博物馆、宾馆等。

【制法】 由硫铝酸盐熟料、明矾石、石膏共同研细制成。

【参考生产企业】 天津豹鸣股份有限公司，深圳路基特种工程材料有限公司，萍乡市湘东区强力膨胀剂厂，成都市宏盛宏科技有限公司，长沙市江蓝建材科技有限公司等。

G007 CSA

【产品名】 CAS 膨胀剂

【别名】 硫铝酸钙类膨胀剂

【英文名】 calcium sulfo-aluminate

【结构式或组成】 其化学成分包括 SiO_2、Al_2O_3、Fe_2O_3、CaO、MgO、TiO_2、SO_3 等。

【物化性质】 立方晶体，白色无定形粉末，含有杂质。呈灰色或淡黄色，具有吸湿性。沸点 2850℃，熔点 2580℃。难溶于水，不溶于醇，溶于酸、甘油。密度 3.25～3.38g/cm^3。

【用途】 用在补偿收缩混凝土、填充用膨胀混凝土、填充用膨胀砂浆和自应力混凝土上。

CSA 掺入量一般在 8%～10%。水泥砂浆的膨胀率为 0.5%，净浆膨胀率为 1%，混凝土膨胀率为 0.04%～0.1%。在硅酸盐水泥中掺 8%～12%可拌制成补偿收缩混凝土，内掺 17%～25%可拌制成自应力混凝土。

【制法】 早期 CSA 产品由铝土矿、石灰石和石膏配成生料，经电熔烧成一种含无水硫酸钙 C_4A_3S、CaO 和 $CaSO_4$ 的熟料，然后研磨成膨胀剂。

高效 CSA 膨胀剂是用回转窑特别烧制的以无水硫铝酸钙和氧化钙为主要矿物的熟料，配入适量天然硬石膏，通过特殊粉磨工艺制成的硫铝酸钙类膨胀剂。

【安全性】 碱性腐蚀品。

【参考生产企业】 唐山北极熊建材有限公司，中建材中岩特种工程材料有限公司，河南聚能新型建材有限公司，北京海岩兴业混凝土外加剂销售有限公司，涞水县海岩兴业混凝土外加剂加工有限公司等。

G008 CEA

【产品名】 CEA 膨胀剂

【别名】 复合膨胀剂；氧化钙-硫铝酸钙复合膨胀剂

【英文名】 compound expansion agent

【结构式或组成】 其化学成分包括 SiO_2、Al_2O_3、Fe_2O_3、CaO、MgO、SO_3、K_2O、Na_2O 等。

【物化性质】 在水中或潮湿环境中养护 7～10d 膨胀率为 $(3\sim5)\times10^{-4}$，14d 后放入 20℃湿度 60%的空气中，经 1 年仍保持 $(0.7\sim2)\times10^{-4}$ 的膨胀值，在限制情况下导入自应力 0.3～0.8MPa。强度 30～40MPa，与膨胀混凝土相比，标号不降低。抗渗标号 S_{34}。抗冻标号 D_{250}。黏结力比普通混凝土提高 20%～30%。对钢筋无锈蚀，耐蚀性优于膨胀混凝土。无碱-集料反应，无坍落度损失。

【制法】 以石灰石、铝土质材料、铁质原料磨制成生料，经 1400～1500℃煅烧成熟料，再经配料磨细而成。

【用途】 属于氧化钙-硫铝酸钙复合膨胀剂，适用范围如下。

① 各类混凝土建造的地下结构工程：如地下停车场、地下室、地下铁道、隧道、矿井等。适宜作任何复杂防水部位，解决了一般外防水难以或无法处理的困难，确保防水质量。

② 建造水池、游泳池、污水处理池、粮仓、水塔等。

③ 刚性防水屋面、砂浆防水抹面。

④ 混凝土防裂路面、飞机跑道。

⑤ 混凝土后浇缝、梁柱接头、管道接头、机械设备的底座灌浆、地脚螺栓的固定等。

⑥ 修补、补强工程。

⑦ 水泥管道、水泥制品等。

⑧ 无收缩二次灌浆材料等。

【参考生产企业】 庐江矾矿速凝剂厂，合肥三元特种建筑材料厂，北京中防元大建材科技有限公司等。

G009 AEA

【产品名】 AEA 膨胀剂

【别名】 铝酸钙膨胀剂

【英文名】 aluminate expansive agent

【结构式或组成】 其化学成分包括 SiO_2、Al_2O_3、Fe_2O_3、CaO、MgO、SO_3、0.658K_2O+Na_2O 等。

【物化性质】 掺量小、膨胀率大。碱含量低，一般为 0.2%～0.5%。掺 AEA 膨胀剂混凝土坍落度损失小。能降低混凝土的水化热。早期强度与后期强度较其他类型膨胀剂高。掺 AEA 的砂浆和混凝土抗渗标号大于 S30。掺 AEA 的混凝土抗硫酸盐性能高于不掺，对钢筋无锈蚀，对水质无污染。

【用途】 一种膨胀型混凝土外加剂。掺加后混凝土中形成水化硫铝酸钙产生适度膨胀力（预应力），在结构中建立 0.2～0.7MPa 预压应力，水中 7d 限制膨胀率为 0.034%，可抵消混凝土硬化过程中形成的收缩力，因而减少干缩裂缝，提高抗裂和抗渗性能。适用范围如下。

① 补偿收缩混凝土：人防、地下、水池、水工、海工、坝工、遂道等构筑物，大体积混凝土，配筋路面板、屋面与浴厕间防水、构件补强、渗漏修补、预应力钢筋混凝土、污水处理厂的沉淀池、消化池等工程。

② 填充用膨胀混凝土：结构后浇缝、隧洞头、钢管与隧洞之间的填充等。

③ 填充用膨胀砂浆：机械设备的底座灌浆、地脚螺栓的固定、梁柱接头、构件的补强及加强。

④ 自应力混凝土：用于常温下使用的自应力钢筋混凝土压力管。

【制法】 由一定比例的铝酸钙熟料、天然明矾石、石膏共同粉磨制成的膨胀剂。

【安全性】 无毒，对水质无污染。

【参考生产企业】 上海筑荣建材有限公司，合肥航成建材有限公司，庐江县矾山镇志祥建材厂等。

G010 EA-L

【产品名】 EA-L 膨胀剂

【别名】 明矾石膨胀剂

【结构式或组成】 其化学成分包括 SiO_2、Al_2O_3、Fe_2O_3、CaO、MgO、SO_3、K_2O、Na_2O 等。

【用途】 在水泥中掺入 15%～18%，可拌制成补偿收缩混凝土，由于其掺量大、含碱量高，目前已被淘汰。

【制法】 利用天然明矾石为主要膨胀组分，掺入少量石膏，共同粉磨而成。

【参考生产企业】 庐江矾矿速凝剂厂，宜宾市方越建材有限公司，天津春晟化工产品销售有限公司等。

G011 铁粉系膨胀剂

【产品名】 铁粉系膨胀剂

【物化性质】 以 Fe_2O_3 为膨胀源，由 Fe 变成 $Fe(OH)_3$ 而产生膨胀。

【用途】 目前铁粉膨胀剂用量很小，仅用于二次灌溉的有约束的工程部位，如设备底座与混凝土基础之间的灌浆、已硬化混凝土的接缝、地脚螺栓的锚固、管子接头等。

【制法】 主要由铁屑、铁粉和一些氧化剂（如重铬酸钾）、催化剂（氯盐）及分散剂等混合制成。

【参考生产企业】 泰兴市废品收购再生厂，灵寿县丰信矿物粉体加工厂，宁津县鸿瑞机械厂等。

H 防水剂

一、术语

防水剂（water-repellent admixture）

二、定义

防水剂是能提高水泥砂浆、混凝土抗渗性能的外加剂。

三、简介

掺加防水剂的主要目的是提高混凝土的水密性，提高混凝土的耐久性。严格地讲，防水剂可以分为抗渗剂和防潮憎水剂。提高混凝土抗渗性能的物质很多，包括膨胀剂、引气剂和减水剂等都可以提高混凝土的抗渗性能。而憎水剂则是减小混凝土吸水性能和吸潮性能的憎水性化学物质。这些物质对于压力下混凝土的抗渗性能提高不明显。

防水剂的主要种类如下。

① 无机化合物类防水剂可包括：氯化铁、硅灰粉末、锆化合物、无机铝盐防水剂、硅酸钠防水剂等。

② 有机化合物类防水剂可包括：脂肪酸及其盐类、有机硅类防水剂（甲基硅醇钠、乙基硅醇钠、聚乙基羟基硅氧烷等）、聚合物乳液防水剂（石蜡、地沥青、橡胶及水溶性树脂乳液等）。

③ 混合物类防水剂可包括：无机类混合物、有机类混合物、无机类与有机类混合物。

④ 复合类防水剂可包括：上述各类与引气剂、减水剂、调凝剂等外

加剂复合而成的复合型防水剂。

防水剂可用于工业与民用建筑的屋面、地下室、隧道、巷道、给排水池、水泵站等有防水抗渗要求的混凝土工程。

憎水剂可用于混凝土墙面、瓷砖、石材、木材、水泥面和路面防水。应用于古建筑修缮（寺庙、教堂、国家保护的古文化遗址），具有抗酸碱、耐老化、防碳化、泛碱、防潮、防霉等作用。

含氯盐的防水剂可用于素混凝土、钢筋混凝土工程，严禁用于预应力混凝土工程。

砂浆、混凝土防水剂执行建材行业标准 JC 474—2008《砂浆、混凝土防水剂》，砂浆混凝土性能指标见表 8-1。

表 8-1 砂浆混凝土性能指标要求

试验项目			性能指标	
			一等品	合格品
安定性			合格	合格
凝结时间	初凝/min	≥	45	45
	终凝/h	≤	10	10
抗压强度比/% ≥	7d		100	85
	28d		90	80
透水压力比/%		≥	300	200
吸水量比(48h)/%		≤	65	75
收缩率比(28d)/%		≤	125	135

注：安定性和凝结时间为受检净浆的试验结果，其他项目数据均为受检砂浆与基准砂浆的比值。

H001 硬脂酸钙

【产品名】 硬脂酸钙（CAS号：1592-23-0）

【别名】 十八酸钙；十八酸钙盐

【英文名】 calcium stearate

【分子式】 $C_{17}H_{35}COO\text{-}Ca\text{-}OOCC_{17}H_{35}$

【物化性质】 性状：白色细微粉末。

密度 d_4^{25}：1.12g/mL。

熔点：150～155℃。

自燃点或引燃温度：400℃。

爆炸下限（体积分数）：25%。

溶解性：易溶于热吡啶，微溶于热醇、热的植物油及矿油，不溶于水、醚、氯仿、丙酮及冷醇。

稳定性：常温常压下稳定，避免强氧化剂接触，遇强酸分解为硬脂酸和相应的钙盐。

其他性质：在空气中有吸水性。不耐解脂微生物。高温分解生成硬脂酮和烃。本品可视为无毒。不溶于水、醚和氯仿，微溶于热的矿物油中。

【质量标准】 执行化工行业标准 HG/T 2424—2012《硬脂酸钙》。

含量：不小于99%。

钙含量：6.5%±0.6%。

加热减量：≤3.0%。

熔点：≥140℃。

细度（0.075mm筛通过）：≥99.0%。

【用途】

① 硬脂酸钙是一种良好的无毒热稳定剂和润滑剂，也是胶黏剂、涂料的平光剂和防水剂，在塑料和橡胶等化工生产过程中广泛应用。热稳定效果不如硬脂酸钡、硬脂酸铅、硬脂酸锡和硬脂酸镉。但价廉易得，毒性小，加工性能好。与锌皂和环氧化合物并用有协同效应，可提高热稳定性。常用于食品包装薄膜、医疗器具等要求无毒的软质制品。还广泛用作聚烯烃、聚酯增强塑料、酚醛树脂、氨基树脂等热固性塑料的润滑剂和脱模剂。

② 在油田作业中用作润滑解卡剂。

【制法】

① 复分解法。硬脂酸钠溶液制备：将硬脂酸溶于20倍（质量）的热水中，

加入含量为 1074kg/m³（10°Bé）的烧碱溶液，于 75℃左右进行皂化反应，生成稀的硬脂酸钠溶液。其反应方程式如下：

$$C_{17}H_{35}COOH + NaOH \longrightarrow C_{17}H_{35}COONa + 2H_2O$$

硬脂酸钙的合成：将含量为 1074kg/m³（10°Bé）的氯化钙溶液加入到上述制备的硬脂酸钠溶液中，于 65℃左右进行复分解反应，产物硬脂酸钙以沉淀析出。然后经过滤、水洗、于 90℃左右干燥，即得成品。其反应方程式如下：

$$2C_{17}H_{35}COONa + CaCl_2 \longrightarrow (C_{17}H_{35}COO)_2Ca + 2NaCl$$

② 直接法。在装有搅拌器、温度计的反应锅中加入定量的硬脂酸和 CaO，升温至熔化，在不断搅拌下缓慢加入催化剂 H_2O_2，并抽真空，控制反应温度在 140～150℃，反应 1.5～2.0h。反应完成后，出料并冷却、粉碎即得产品。反应式如下：

$$2C_{17}H_{35}COOH + CaO \longrightarrow (C_{17}H_{35}COO)_2Ca + H_2O$$

【安全性】 毒性：本品可视为无毒，不溶于水、醚和氯仿，微溶于热的矿物油中。

【运输与储存】 用内衬塑料袋的铁桶、木桶或尼龙编织袋包装。储存于阴凉、干燥处，注意防火、防晒和防潮。

【参考生产企业】 成都思天德生物科技有限公司，北京千年健中生物科技有限公司，广州和为化工有限公司等。

H002 硬脂酸锌

【产品名】 硬脂酸锌（CAS 号：557-05-1）

【别名】 十八酸锌；十八酸锌盐

【英文名】 stearic acid zinc salt

【分子式】 $C_{17}H_{35}COO\text{-}Zn\text{-}OOCC_{17}H_{35}$

【物化性质】 性状：白色黏结的细粉，有滑腻感，微具刺激性气味。

密度 d_4^{25}：1.095g/mL。

熔点：130℃。

自燃点：900℃。

溶解性：不溶于水、醇和醚，能溶于苯和松节油等有机溶剂。

其他性质：在有机溶剂中加热溶解后经冷却成为胶状物。遇强酸分解为硬脂酸和相应的锌盐。在干燥的条件下有火险性，自燃点 900℃。避免与氧化剂、酸类接触。遇明火、高热可燃。不溶于水、乙醇和乙醚中，溶于苯。遇稀酸会分解。

【质量标准】 执行化工行业标准 HG/T 3667—2012《硬脂酸锌》。

含量：不小于 99%。

锌含量：10.5%～11.5%。

游离酸（以硬脂酸计）：≤0.5%。

水分：≤1.0%。

【用途】

① 混凝土、砂浆、纸、织物的防水剂。

② 可用作聚氯乙烯无毒稳定剂，初期着色性小，耐候性较好。本品不宜单独使用，因其对聚氯乙烯降解有显著的催化作用，经一段时间后，可使制品急剧变色。与钡镉皂配合，用于一般软质制品。用量不宜过大，但与环氧化合物和亚磷酯配合使用时，可适当提高其用量。

③ 还可用作苯乙烯树脂（包括聚苯乙烯、ABS 和 SAN 树脂）的润滑剂和透明制品的脱模剂。在橡胶工业中，本品可用作胶料的润滑剂及隔膜剂（防粘）。

④ 金属皂类粉剂。用于香粉、粉饼等的制造。主要用作香粉的黏附剂，以增加香粉在皮肤上的附着力。硬脂酸锌质轻柔软，加到粉类化妆品中即包覆在其他粉末外面，使香粉容易透水。加入量一般为 5%～15%。

⑤ 抗泡沫剂。光和热稳定剂。涂料平光剂和研磨剂。塑料制品的稳定剂、脱模剂、润滑剂。用于化妆品和软膏中。

【制法】 硬脂酸钠溶液制备：将硬脂酸溶解于 20 倍（质量）的热水中，再加入含量为 1074kg/m³（10°Bé）的烧碱溶液，于 75℃左右进行皂化反应，生成稀的硬脂酸钠溶液。其反应方程式为：

$$C_{17}H_{35}COOH + NaOH \longrightarrow C_{17}H_{35}COONa + H_2O$$

将含量为 1074kg/m³（10°Bé）的硫酸锌水溶液加入到上述制备的硬脂酸钠溶液中，于 60℃左右进行复分解反应，产物硬脂酸锌以沉淀析出。然后静置过滤、水洗、于 90℃左右干燥，即得成品。其反应方程式为：

$$2C_{17}H_{35}COONa + ZnSO_4 \longrightarrow (C_{17}H_{35}COO)_2Zn + Na_2SO_4$$

【安全性】 毒理学性质：最小致死量（大鼠，腹腔）250mg/kg。吸入本品可发生支气管肺炎。长期吸入硬脂酸锌粉尘可引起尘肺，患者有气促、咳嗽、咳痰等症状。

【运输与储存】 内衬塑料袋、外套编织袋或麻袋包装。储存于阴凉、通风的库房。远离火种、热源。应与氧化剂、酸类分开存放，切忌混储。配备相应品种和数量的消防器材。储区应备有合适的材料收容泄漏物。

【参考生产企业】 成都思天德生物科技有限公司，上海海曲化工有限公司，广州和为化工有限公司等。

H003 甲基硅醇钠

【产品名】 甲基硅醇钠（CAS号：16589-43-8）

【别名】 甲基硅醇钠盐

【英文名】 sodium methyl siliconate

【分子式】 $CH_3Na_3O_3Si$

【物化性质】 外观：淡黄色或无色透明液体。

相对密度：1.23。

pH值：碱性。

气味：有乙醇的气味。

有机硅醇防水剂在非硅酸盐建筑材料中的防水机理：因水溶性ND-110具有碱性和离子的特征，它可以从非硅酸盐材料石灰石（$CaCO_3$）中浸出少量碳酸盐离子，然后再发生取代反应生成化学键，ND-110中甲基（—CH_3）键合到了石灰石表面，从而使石灰石表面有憎水性，也同样产生防水效果。这种树脂膜具有防水、防潮、防渗、通气性、抗老化性、抗污染性和耐候性等优点，广泛用于混凝土、水泥砂浆、防水涂料等领域中，使建筑物不受风化或减少风化作用，从而延长建筑物的使用寿命。

【用途】 可与水混溶，对环境无污染，喷刷在喷涂、滚涂、刷涂等外墙饰面上，有憎水、延缓污染、防风化等效果，对钢筋无腐蚀，能提高饰面的耐久性。

【安全性】 无毒、不燃、不爆、无挥发、无刺激性气味。

【参考生产企业】 上海楚青新材料科技有限公司，南京纽安洁化工科技有限公司，上海诺和化工科技有限公司等。

H004 乳化石蜡

【产品名】 乳化石蜡

【别名】 石蜡乳液

【英文名】 paraffin wax

【结构式或组成】 本品由乳化剂、石蜡和水组成。

【分子式】 C_nH_{2n+2} $n=24\sim36$

【物化性质】 白色，室温下呈硬质块状。半透明。蜡质在紫外线影响下可转为黄色。有晶体结构。几乎无味、无臭。有滑腻感。溶于乙醚、石油醚、苯和挥发油等，不溶于水和乙醇，微溶于无水乙醇。相对密度0.88～0.915，可燃。

【用途】 乳化石蜡作钢筋混凝土固化防水剂。混凝土在固化过程中，如表面的水分蒸发过快，会使其凝固过程中一系列的化学反应无法完成，并且无法达到其表面的最大抗压强度。因此在混凝土固化期间必须防止水分蒸发过快。为此工业界开发了一种以乳化石蜡为基本原料的薄膜固化剂，采用这种固化剂后避免了不必要的表面水分蒸发，并且促进了水泥的水合作用。

【制法】 先将石蜡、蜂蜡、巴西棕榈蜡放入烧杯中，在恒温水浴箱中加热至90～95℃，待蜡融化后放在磁力搅拌器上搅拌，加入预热到75℃的植物油（溶剂油），搅拌均匀后依次加入复配乳化剂；再次搅拌均匀后，依次加入90～95℃的热水和25℃的冷水进行乳化，乳化温度为70～90℃，乳化时间控制在10～40min；待乳液冷却到50℃左右，加入研磨剂，搅拌冷却至25℃即得产品。

【安全性】 可燃液体，应存放在阴凉、干燥处。不纯时残有的硫化物和多环芳烃对健康不利。少量几无毒性。

【参考生产企业】 上海格闰宁化工科技有限公司，上海焦耳蜡业有限公司，石家庄拓达新材料等。

H005 乳化沥青

【产品名】 乳化沥青

【别名】 沥青乳液

【英文名】 bitum enemulsion

【结构式或组成】 乳化沥青主要由沥青、乳化剂、稳定剂和水等组分所组成。

【物化性质】 外观：黑色液体，半固体或固体。

沸点：低于470℃。

相对密度：1.15～1.25。

溶解性：不溶于丙酮、乙醚、稀乙醇，溶于二硫化碳、四氯化碳等。

【用途】 用于道路及建筑工程，可以制造油毡纸等防水材料，也可应用于制沥青制品，可以作为混凝土防水剂，用于嵌缝建筑物的防水接缝中。

【制法】 ① 蒸馏法。将原油经常压蒸馏分出汽油、煤油、柴油等轻质馏分，再经减压蒸馏（残压 10～100mmHg，1mmHg＝133.322Pa）分出减压馏分油，余下的残渣符合道路沥青规格时就可以直接生产出沥青产品，所得沥青也称直馏沥青，是生产道路沥青的主要方法。

② 溶剂沉淀法。非极性的低分子烷烃溶剂对减压渣油中的各组分具有不同的溶解度，利用溶解度的差异可以实现组分分离，因而可以从减压渣油中除去对沥青性质不利的组分，生产出符合规格要求的沥青产品，这就是溶剂沉淀法。

③ 氧化法。在一定范围的高温下向减压渣油或脱油沥青吹入空气，使其组成和性能发生变化，所得的产品称为氧化沥青。减压渣油在高温和吹空气的作用下会产生汽化蒸发，同时会发生脱氢、氧化、聚合缩合等一系列反应。这是一个多组分相互影响的十分复杂的综合反应过程，而不仅仅是发生氧化反应，但习惯上称为氧化法和氧化沥青，有时也称为空气吹制法和空气吹制沥青。

④ 调和法。调合法生产沥青最初指由同一原油构成沥青的 4 组分按质量要求所需的比例重新调和，所得的产品称为合成沥青或重构沥青。随着工艺技术的发展，调和组分的来源得到扩大。例如可以从同一原油或不同原油一、二次加工的残渣或组分以及各种工业废油等作为调合组分，这就降低了沥青生产中对油源选择的依赖性。随着适宜制造沥青的原油日益短缺，调合法显示出的灵活性和经济性正在日益受到重视和普遍应用。

⑤ 乳化法。沥青和水的表面张力差别很大，在常温或高温下都不会互相混溶。但是当沥青经高速离心、剪切、重击等机械作用，使其成为粒径 0.1～5μm 的微粒，并分散到含有表面活性剂（乳化剂——稳定剂）的水介质中时，由于乳化剂能定向吸附在沥青微粒表面，因而降低了水与沥青的界面张力，使沥青微粒能在水中形成稳定的分散体系，这就是水包油的乳状液。这种分散体系呈茶褐色，沥青为分散相，水为连续相，常温下具有良好的流动性。从某种意义上说乳化沥青是用水来“稀释”沥青，因而改善了沥青的流动性。

【安全性】 对环境有害，对大气可造成污染，可燃，具有刺激性。

【参考生产企业】 山东卓成化工有限公司，北京铭鑫宇市政工程有限公司，北京正泰兴达公路材料有限公司等。

H006 丙烯酸树脂

【产品名】 丙烯酸树脂（CAS 号：9003-01-4；9007-20-9）

【别名】 丙烯酸树脂乳液

【英文名】 acrylic acid polymers dispersion

【分子式】 $(C_3H_4O_2)_n$

【物化性质】 热塑性丙烯酸树脂在成膜过程中不发生进一步交联，因此它的分子量较大，具有良好的保光保色性、耐水耐化学性，干燥快、施工方便，易于施工、重涂和返工，制备铝粉漆时铝粉的白度、定位性好。

热固性丙烯酸树脂一般分子量较低。热固性丙烯酸涂料有优异的丰满度、光泽、硬度、耐溶剂性、耐候性，在高温烘烤时不变色、不返黄。最重要的应用是和氨基树脂配合制成氨基-丙烯酸烤漆。

【用途】 应用于工业防腐涂料，船舶、集装箱涂料，金属保护涂料，建筑外墙涂料，溶剂型外墙涂料，PVC表面处理以及道路标线涂料，有优良的附着力及漆膜丰满度，具有耐候性、耐酸碱性、颜料润湿性能等。

【安全性】 皮肤接触可导致皮肤刺激不适和发疹；眼睛接触可导致眼睛刺激不适、流泪或视线模糊；吸入此产品可导致上呼吸道刺激、咳嗽与不适，或不特定不舒服症状，如恶心、头痛或虚弱；食入此产品可导致特定不舒服症状如恶心、头痛或虚弱。患者应立即去医院救治。

【参考生产企业】 贵州迪大科技有限责任公司，重庆凯夫化工有限责任公司，广州和为化工有限公司等。

H007 有机硅防水剂

【产品名】 有机硅防水剂

【英文名】 silicone water proofing agent

【物化性质】 有机硅防水剂具有两种性质分别是：水性和油性。水性的有机硅防水剂为无色或浅黄色，把它掺入水泥砂浆混凝土中起到防水、防潮作用。

外观：无色至浅黄色透明液体。

含固量：20%～30%。

含量：(甲基硅氧烷计) 10%。

相对密度 (20℃)：1.20～1.23。

游离碱 (NaOH 计)：不大于 5%。

【防水原理】 聚硅油乳液的硅原子、氧原子与基体上的某些原子形成配价键和氢键，因而水蒸气、空气能通过织物，水珠却不能透过。聚硅油乳液链顶端的羟基与含氢硅油接枝，它与硅油端羟基脱水接枝形成长链分子，分子变得更大、更柔软，可提高拒水性。硅油和含氢硅油150～180℃在织物表面交联形成不溶于水和溶剂的聚有机硅氧烷树脂膜。硅烷结构中甲基朝外，产生拒水性。

【用途】 本产品广泛适用于各种建筑物的内、外墙，尤其可解决民用房普遍存在的东墙、北墙渗水引起的室内霉变问题，另外它还可以广泛用于室内装饰前的防潮防霉处理，工业厂房内、外墙的抗污染保洁、抗风化、防酸雨处理，以及水库、水塔、蓄水池、污水处理厂及农业排灌渠道的防水工程；对于古建筑、石碑、瓷砖、图书档案室、精密仪器室及计算机机房、变配电房、仓库等也均可适用。

【安全性】 施工人员在储运及使用中应小心勿溅到面部，尤其不得溅入眼内，否则立即用大量清水冲洗或请医生处理。操作时戴上劳保手套、防护眼镜，穿好工作服，避免本剂接触皮肤。

【运输与储存】 有机硅防水剂在运输及使用中不得接触锌、铝、锡等较活泼金属，不能用铁质金属容器储存，以免发生化学反应引起产品变质及容器被腐蚀。

有机硅防水剂储运中防止雨淋、曝晒及包装容器破损；储运环境温度0～30℃。

【参考生产企业】 湖北菲格高新材料有限公司，济南多维桥化工有限责任公司，南雄鼎成化工有限公司等。

H008 有机硅改性丙烯酸酯防水剂

【产品名】 有机硅改性丙烯酸酯防水剂

【英文名】 silicone modified acrylate waterproofing agent

【结构式或组成】 本品由有机硅改性丙烯酸酯、无机钙盐、无机铁盐和/或无机亚铁盐、无机钾盐、pH值调节剂、水组成。

【物化性质】 外观为红色或粉红色液体，有少许沉淀。pH值6～7.5，密度1.02～1.04g/cm^3。混凝土抗渗标号S15，砂浆抗渗性（0.6MPa下不漏渗）60min。吸水率（72h）0.5%±0.1%，48h吸水量比6%～6.5%。

阻水能力：砂浆、混凝土试块在20～25℃时，喷涂8h后，不渗水，在5～10℃时，喷涂12h后不渗水。

具有耐酸性。

【用途】 本高效防水剂分为三种类型，分别适用于水泥砂浆，混凝土，黏土砖的基面用，石材用和瓷砖、马赛克用。

【制法】 将有机硅改性丙烯酸酯建筑防水剂预先搅拌升温至45～55℃，并保温。在反应釜中加入水，升温至80℃左右，在不断搅拌下加入各种无机盐和pH值调节剂，待充分溶解或均匀悬浮，在60～80℃并不断搅拌下缓缓加入保温的有机改性丙烯酸酯乳液，大约在30～40min内加完。保持温度在60～80℃范围内继续搅拌20～30min，使完全均匀，则停止搅拌。静置降温至室温，出料时用200目筛网过滤后包装。

【参考生产企业】 慧智科技（中国）有限公司，济宁佰一化工有限公司，鱼台县海纳环保科技有限公司等。

H009 硅酸钠

参见速凝剂部分F009。

I 阻锈剂

一、术语

阻锈剂（anti-corrosion admixture）。

二、定义

能抑制或减轻混凝土中钢筋和其他金属预埋件锈蚀的外加剂。

三、简介

钢筋阻锈剂是指加入混凝土中或涂刷在混凝土表面，能阻止或减缓钢筋腐蚀的化学物质。一些能改善混凝土对钢筋防护性能的添加剂或外涂保护剂（如硅灰、硅烷浸渍剂等）不属于钢筋阻锈剂范畴，钢筋阻锈剂必须能直接阻止或延缓钢筋锈蚀。

沿海港口、盐田以及盐渍土地区，通常含有大量硫酸盐及氯盐，对混凝土及钢筋具有严重侵蚀作用，使该地区的钢筋混凝土结构物遭到严重破坏，而达不到结构预期的寿命。因此上述侵蚀地区，钢筋混凝土结构耐久性已成为世界性关注的问题。现有传统方法采用抗硫酸盐水泥，或在混凝土中掺入一定量的矿物质掺合料。然而抗硫酸盐水泥对于防止氯盐引起钢筋锈蚀能力差，从而严重影响侵蚀地区钢筋混凝土结构耐久性。而掺入矿物质掺合料的方法，可以改善水泥水化密实性能，减少盐类腐蚀应力，但当腐蚀环境为中等腐蚀或强腐蚀时，仅靠此种方法并不能取得很好的防腐蚀效果，就必须再加入针对盐类腐蚀的防腐蚀剂，不仅是通过提高混凝土密实性来抵抗盐类腐蚀，而是从根本的反应机理上起到阻止或延缓硫酸盐和氯盐腐蚀的作用，从而提高混凝土耐久性。

阻锈剂按照使用方式分为掺入型和涂覆渗透型两大类。其中，掺入型是研究较早、技术比较成熟的阻锈剂，主要用于新建工程。国外已经有 30 多年阻锈剂的应用历史，国内也有 20 多年大型工程中的应用经验。

渗透型（也称迁移型）是近年发展起来的新型阻锈剂，通过涂覆到硬化混凝土表面，可以渗透到混凝土内的钢筋周围，起到阻止钢筋锈蚀的目的。该类阻锈剂的主要成分是有机脂肪酸或者是有机胺、醇和酯类物质，这些物质通过“吸附”、“成膜”等原理保护钢筋。渗透型阻锈剂主要用于旧钢筋混凝土结构的修补施工。

阻锈剂执行国家标准 GB/T 31296—2014《混凝土防腐阻锈剂》和交通行业标准 JT/T 537—2004《钢筋混凝土阻锈剂》。其加入阻锈剂后混凝土性能技术性能见表 9-1。

表 9-1 加入阻锈剂的钢筋混凝土技术性能

项目			技术性能
钢筋	耐盐水浸渍性能		无腐蚀
	耐锈蚀性能		无腐蚀
混凝土	凝结时间差	初凝	－60～＋120min
		终凝	
	抗压强度比	7d	＞0.90
		28d	

注：1. 表中所列数据为掺阻锈剂混凝土与基准混凝土的差值或比值。
2. 凝结时间差指标，“－”表示提前，“＋”表示延缓。

I001 亚硝酸钠

参见早强剂部分 C009。

I002 亚硝酸钙

参见早强剂部分 C010。

I003 重铬酸钠

【产品名】 重铬酸钠（CAS 号：7789-12-0）

【别名】 红矾钠

【英文名】 sodium bichromate

【结构式或组成】 $Na_2Cr_2O_7 \cdot 2H_2O$

【分子式】 $Cr_2H_4Na_2O_9$

【分子量】 297.99

【物化性质】 红色至橘红色结晶。易溶于水，水溶液呈酸性反应。不溶于乙醇，略有吸湿性，有强氧化性。100℃时失去结晶水，约 400℃时开始分解。水溶液呈酸性。1%水溶液的 pH 值为 4，10%水溶液的 pH 值为 3.5。相对密度 2.348。熔点 356.7℃（无水品）。有强氧化性，与有机物摩擦或撞击能引起燃烧。

【质量标准】 GB/T 1611—2014《工业重铬酸钠》。重铬酸钠质量指标见表 9-2。

表 9-2 重铬酸钠质量指标

项目		指标		
		优等品	一等品	合格品
重铬酸钠(以 $Na_2Cr_2O_7 \cdot 2H_2O$ 计)的质量分数/%	≥	99.5	98.3	98.0
硫酸盐(以 SO_4^{2-} 计)的质量分数/%	≤	0.20	0.30	0.40
氯化物(以 Cl^- 计)的质量分数/%	≤	0.07	0.10	0.20

注：如用户对铁含量有要求，按本标准规定的方法进行测定。

【用途】 用于混凝土阻锈、防腐，还可以用于鞣革、电镀、制铬颜料、制火柴，并用作媒染剂、氧化剂等。

【制法】

① 由铬酸钠经酸化或电解制得。工业生产主要采用硫酸法和电解法。硫酸法是将铬酸钠中性液先蒸发至一定浓度，用洗液稀释，加入浓硫酸酸化，使铬

酸钠转化为重铬酸钠，经两次蒸发，使硫酸钠完全除去，再经澄清，取澄清液冷却至 40℃以下进行结晶，固液分离制得。

② 将铬铁矿粉碎至 200 目，与纯碱（一般用量为理论量的 90%～93%）、白云石粉、石灰石粉和矿渣按一定配比混合后送入转窑，在 1100～1150℃进行氧化焙烧 1.5～2h，使三氧化二铬转化为铬酸钠。烧成的熟料经冷却粉碎后，用稀溶液和水在浸取器中多级逆流浸取、抽滤，得到 35～40°Bé 的铬酸钠溶液。将 pH 值调至 7～8，使铝酸钠水解成氢氧化铝沉淀，经过滤后除去。中性滤液蒸发至 48°Bé 后，加入浓硫酸酸化，使铬酸钠转化为重铬酸钠。经两次蒸发，使硫酸钠完全去除，再经澄清以除去全部不溶性杂质。把澄清液冷却至 30～40℃进行结晶，经离心分离，制得重铬酸钠成品。母液返回中和或用于制造其他铬盐产品。

【安全性】 中等毒性，半数致死量（大鼠，经口）50mg/kg（无水品）。经流行病学调查表明，对人有潜在致癌危险性。

有腐蚀性、刺激性，可致人体灼伤。

该品助燃。

【参考生产企业】 广州市立欢化工有限公司，常州安剑化工贸易有限公司，苏州龙跃化工有限公司，重庆援柒化工有限公司等。

I004 重铬酸钾

【产品名】 重铬酸钾（CAS 号：7778-50-9）

【别名】 红矾钾

【英文名】 potassium bichromate

【结构式或组成】

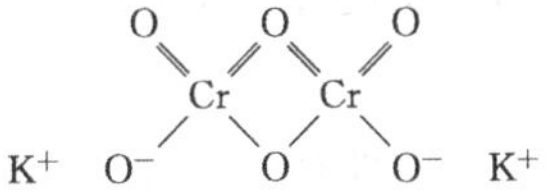

【分子式】 $K_2Cr_2O_7$

【分子量】 294.19

【物化性质】 橙红色三斜晶系板状结晶体。有苦味及金属性味。密度 2.676g/cm^3，熔点 398℃。稍溶于冷水，水溶液呈酸性，易溶于热水，不溶于乙醇。加热到 500℃时分解放出氧气。遇浓硫酸有红色针状结晶体铬酸酐析出，对其加热则分解放出氧气，生成硫酸铬，使溶液的颜色由橙色变成绿色。

【质量标准】 GB/T 642—1999《化学试剂重铬酸钾》。重铬酸钾质量指标见表 9-3。

表 9-3 重铬酸钾质量指标

项目		指标		
		优等品	一等品	合格品
重铬酸钾(以 $K_2Cr_2O_7$ 计)的质量分数/%	≥	99.8	99.5	99.0
硫酸盐(以 SO_4^{2-} 计)的质量分数/%	≤	0.02	0.05	0.05
氯化物(以 Cl^- 计)/%	≤	0.03	0.05	0.07
钠(Na)质量分数计/%	≤	0.4	1.0	1.5
水分(质量分数)/%	≤	0.03	0.05	0.05
水不溶物的质量分数/%	≤	0.01	0.02	0.05

【用途】 可作为混凝土阻锈剂，还可供制铬矾、火柴、铬颜料，并供鞣革、电镀、有机合成等用。

【制法】 可由重铬酸钠与氯化钾或硫酸钾进行复分解而制得。

【安全性】 强氧化剂。遇强酸或高温时能释出氧气，促使有机物燃烧。与还原剂、有机物、易燃物如硫、磷或金属粉末等混合可形成爆炸性混合物。有水时与硫化钠混合能引起自燃。与硝酸盐、氯酸盐接触剧烈反应。具有较强的腐蚀性。

有害燃烧产物：可能产生有害的毒性烟雾。

灭火方法：采用雾状水、砂土灭火。

急性中毒：吸入后可引起急性呼吸道刺激症状、鼻出血、声音嘶哑、鼻黏膜萎缩，有时出现哮喘和紫绀。重者可发生化学性肺炎。口服可刺激和腐蚀消化道，引起恶心、呕吐、腹痛和血便等；重者出现呼吸困难、紫绀、休克、肝损害及急性肾衰竭等。

慢性影响：有接触性皮炎、铬溃疡、鼻炎、鼻中隔穿孔及呼吸道炎症等。

环境危害：具有燃爆危险，本品助燃，为致癌物，具有强腐蚀性、刺激性，可致人体灼伤。

【运输与储存】 储存于阴凉、通风的库房，远离火种、热源，库温不超过35℃，相对湿度不超过75%。包装密封。应与易（可）燃物、还原剂等分开存放，切忌混储。储区应备有合适的材料收容泄漏物。

【参考生产企业】 济宁百川化工有限公司，上海昊化化工有限公司，天津科瑞恩化工销售有限公司等。

I005 氯化亚锡

【产品名】 氯化亚锡（CAS号：10025-69-1）

【别名】 二氯化锡；锡盐

【英文名】 stannous

【结构式或组成】

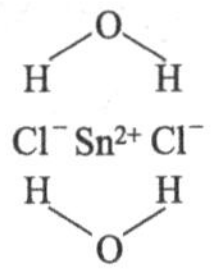

【分子式】 $SnCl_2$

【分子量】 225.63

【物化性质】 氯化亚锡为无色结晶，相对密度2.71，熔点37.7℃。加热到100℃时，失去结晶水。无水物为白色或半透明晶体，相对密度3.95，熔点246℃，沸点623℃。溶于水、乙醇和乙醚。在空气中易氧化而成不溶性氯氧化物，具有潮解性。

【质量标准】 执行化工行业标准HG/T 2526-2007《工业氯化亚锡》。氯化亚锡质量指标见表9-4。

表9-4 氯化亚锡质量指标

项目		指标/%	
		优等品	一等品
氯化亚锡($SnCl_2 \cdot 2H_2O$)质量分数/%	≥	99.0	98.0
硫酸盐(以SO_4计)质量分数/%	≤	0.05	0.10
砷(As)质量分数/%	≤	0.001	0.005
铁(Fe)质量分数/%	≤	0.005	0.010
铅(Pb)质量分数/%	≤	0.02	0.04
铜(Cu)质量分数/%	<	0.001	0.005

【用途】 氯化亚锡主要用作还原剂、媒染剂、脱色剂和分析试剂，也可以用于无氰电镀、香料稳定剂、镜子镀银等。

【制法】 使金属锡熔化，泼入冷水，激成锡花与盐酸或氯气反应，经浓缩、结晶、离心脱水后即得成品氯化亚锡。

【安全性】 在生产过程中制锡花时要防止吸入锡粉尘，以免造成患慢性支气管炎，氯化亚锡溶液与皮肤接触能引起湿疹。最高容许浓度在美国规定锡的无机化合物为 $2mg/m^3$（以金属锡计）。生产人员要穿工作服、戴防毒口罩和手套等劳保用品，注意保护呼吸器官，保护皮肤，生产设备要密闭，车间通风良好。

【运输与储存】 用内衬塑料袋的铁桶或木桶或塑料桶包装，每桶净重 25kg、30kg 或 50kg，包装上标明“密封保存”字样。

应储存在阴凉、通风、干燥的库房内，库温不宜高于 32℃。容器必须密封、防潮。

不可与氧化剂共储混运。

运输过程中要防雨淋和日晒。装卸时要小心轻放，防止包装破损。

失火时，可用水、砂土和各种灭火器扑救。

【参考生产企业】 郑州冠辉化工产品有限公司，上海博景化工有限公司，济宁宏明化学试剂有限公司，上海中一化工有限公司等。

I006 苯甲酸钠

【产品名】 苯甲酸钠（CAS 号：532-32-1）

【别名】 安息香酸钠

【英文名】 sodium benzoate

【结构式或组成】 $C_6H_5CO_2Na$

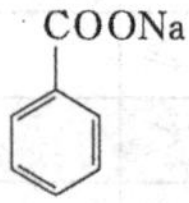

【分子式】 $C_7H_5NaO_2$

【分子量】 144.11

【物化性质】 苯甲酸在常温下难溶于水，在空气（特别是热空气）中微挥发，有吸湿性，常温下大约 0.34g/100mL；但溶于热水；也溶于乙醇、氯仿和非挥发性油。

【质量标准】 参考 GB 1902—2005《食品添加剂苯甲酸钠》。苯甲酸钠质量指标见表 9-5。

表 9-5 苯甲酸钠质量指标

项 目		指标
苯甲酸钠(以干基计)的质量分数/%	≥	99.5%
1:10 水溶液色度/(铂-钴色号,Hazen 单位)	≤	20
溶液的澄清度试验		通过试验
易氧化物试验		通过试验
酸碱度		通过试验
重金属(以 Pb 计)的质量分数/%	≤	0.001
砷(As)的质量分数/(mg/kg)	≤	2
硫酸盐(以 SO_4^{2-} 计)的质量分数/%	≤	0.1
氯化物(以 Cl^- 计)的质量分数/%	≤	0.03
邻苯二甲酸		通过试验
干燥减量的质量分数/%	≤	1.5

注：砷（As）和重金属（以 Pb 计）的质量分数为强制性要求。

【用途】 主要用作食品防腐剂，也用于制药物、染料等。

【制法】 最初由安息香胶干馏或用碱水水解制得，也可由马尿酸水解制得。苯甲酸的工业生产方法有甲苯液相空气氧化法、次苄基三氯水解法及苯酐脱羧法三种，而以甲苯液相空气氧化法最普遍。甲苯和空气通入盛有环烷酸钴催化剂的反应器中，在反应温度 140～160℃、操作压力 0.2～0.3MPa 的条件下进行反应，生成苯甲酸，经蒸去未反应的甲苯得粗苯甲酸，再经减压蒸馏，重结晶得成品。用邻苯二甲酸酐脱羧法所得最终产品不易精制，而且生产成本高，只在批量不大的医药等产品的制造过程中采用。

【安全性】 低毒，易燃。

【参考生产企业】 河南兴源化工产品有限公司，廊坊鹏彩精细化工有限公司，连云港中鸿化工有限公司，郑州龙生化工产品有限公司等。

I007 硼酸

【产品名】 硼酸（CAS 号：10043-35-3）

【别名】 正硼酸；焦硼酸

【英文名】 boric acid

【结构式或组成】

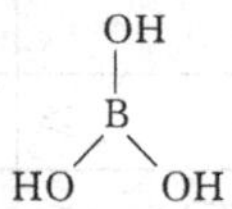

【分子式】 H_3BO_3

【分子量】 61.83

【物化性质】 硼酸为白色粉末状结晶或三斜轴面的鳞片状带光泽结晶。与皮肤接触，有滑腻感觉。相对密度1.435，熔点185℃，同时分解。

【质量标准】 GB/T 538—2006《工业硼酸》。硼酸质量指标见表9-6。

表 9-6 硼酸质量指标

项目		指标		
		优等品	一等品	合格品
硼酸(H_3BO_3)/%		99.6～100.8	99.4～100.8	≥99.0
水不溶物/%	≤	0.010	0.040	0.060
硫酸盐(以SO_4^{2-}计)/%	≤	0.10	0.20	0.30
氯化物(以Cl^-计)/%	≤	0.010	0.050	0.10
铁(Fe)/%	≤	0.0010	0.0015	0.0020
氨(NH_3)①/%	≤	0.30	0.50	0.70
重金属(以Pb计)/%	≤	0.0010	—	—

① 碳铵法产品控制指标。

【用途】 硼酸可作为防锈剂、润滑剂和热氧化稳定剂。硼酸还用于制造高级玻璃和玻璃纤维，可以大大改善玻璃制品的耐热和透明性能，提高机械强度，缩短熔融时间。

【制法】 硼酸生产有中和法和碳氨法。

① 中和法。将硼砂溶解后，加硫酸中和，经结晶、分离、干燥，即制得成品硼酸。

反应式：

$$Na_2B_4O_7 \cdot 10H_2O + H_2SO_4 \longrightarrow 4H_3BO_3 + Na_2SO_4 + 5H_2O$$

② 碳氮法。将矿粉与碳酸氢铵溶液混合，经加温加热后分解得到含硼酸铵的料液，再经脱氨即得硼酸。

反应式：

$$2MgO \cdot B_2O_3 + 2NH_4HCO_3 + H_2O \longrightarrow 2(NH_4)H_2BO_3 + 2MgCO_3$$

$$(NH_4)H_2BO_3 \longrightarrow H_3BO_3 + NH_3$$

【安全性】 工业生产中，仅见引起皮肤刺激、结膜炎、支气管炎，一般无中毒发生。

【参考生产企业】 上海宜鑫化工有限公司，郑州生裕化工产品有限公司，济南泽洋化工有限公司，河北铭信化工科技有限公司等。

I008 单氟磷酸钠

【产品名】 单氟磷酸钠（CAS号：7631-97-2）

【别名】 一氟磷酸钠

【英文名】 sodiu mmonofiuorophosphate

【结构式或组成】

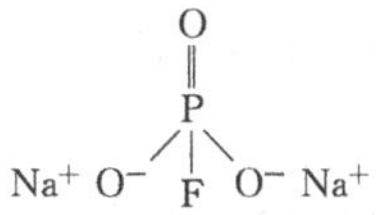

【分子式】 Na_2FPO_3

【分子量】 143.95

【物化性质】 呈白色粉末或白色结晶，易溶于水，吸湿性强，在25℃的水溶液中溶解度为42g/100g水，没有副作用，没有锈蚀作用，2%水溶液pH值为6.5～8.0，其化合物稳定，兼容性好，熔点约625℃。十水物可从0℃水溶液中结晶获得，结晶水若用加热方式除去，将导致水解。用乙醇或其他有机溶剂多次萃取可得无水单氟磷酸钠。

【质量标准】 参考化工行业标准，GB 24567—2009《牙膏工业用单氟磷酸钠》。单氟磷酸钠质量指标见表9-7。

表9-7 单氟磷酸钠质量指标

项目		指标
单氟磷酸钠(以 Na_2FPO_3 计)质量分数/%	≥	95.0
结合氟(以F计)质量分数/%	≥	12.54
游离氟(以F计)质量分数/%	≤	0.68
总氟质量分数/%	≥	13.0
砷(As)质量分数/%	≤	0.0002
重金属(以Pb计)质量分数/%	≤	0.002

续表

项　　目		指标
铅(Pb)质量分数/%	≤	0.0002
水不溶物质量分数/%	≤	0.15
pH 值(20g/L 溶液)		6.5～8.0
干燥失重质量分数/%	≤	0.2

【用途】 可作阻锈剂。单氟磷酸钠是一种优良的防龋齿剂和牙齿脱敏剂，主要用作含氟牙膏添加剂，在牙膏中的常规含量为0.7%～0.8%，也可用于饮用水的氟化，在饮用水中氟常规含量为1.0mg/L，单氟磷酸钠的水溶液具有明显的杀菌作用，对黑曲霉菌、金黄色葡萄球菌、沙门菌、绿脓杆菌及卡他球菌等的生长及繁殖有明显抑制作用，可用作防腐剂和杀菌剂，此外，还用作助溶剂和金属表面氧化物的清洗剂。

【制法】 由氟化钠与六偏磷酸钠混合，加热熔融而得。

【安全性】 无毒。

【运输与储存】 外包装为纸塑复合袋加防潮内衬，内包装为聚乙烯袋，净重25kg/袋。应存放在通风、干燥处。

【参考生产企业】 湖北盛天恒创生物科技有限公司，湖北巨胜科技有限公司，北京精华耀邦医药科技有限公司，上海麦恪林生化科技有限公司等。

I009 二乙醇胺

参见早强剂部分 C020。

I010 乙醇胺

参见早强剂部分 C021。

I011 钼酸钠

【产品名】 钼酸钠（CAS 号：7631-95-0）

【别名】 正钼酸钠

【英文名】 sodium molybdate

【结构式或组成】

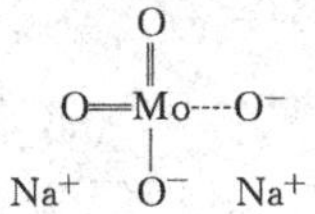

【分子式】 Na_2MoO_4

【分子量】 241.95

【物化性质】 白色有光泽的结晶粉末。密度 3.28g/cm³，熔点 687℃，无水物熔点 627℃。溶于 1.7 份冷水或 0.9 份沸水中。100℃或较长时间加热时会失去结晶水。

【用途】 金属腐蚀抑制剂，还用于制造生物碱、油墨、化肥、钼红颜料和耐晒颜料的沉淀剂、催化剂、钼盐。

【制法】 由辉钼矿氧化成氧化钼后，以氢氧化钠或碳酸钠溶液浸出，浓缩结晶而制得。

【安全性】 有毒。

【参考生产企业】 郑州聚亿鑫化工产品有限公司，郑州盛凯化工产品有限公司，吴江市宏达精细化工有限公司等。

I012 钼酸钙

【产品名】 钼酸钙（CAS 号：7789-82-4）

【英文名】 calcium molybdate

【结构式或组成】

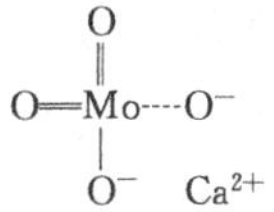

【分子式】 $CaMoO_4$

【分子量】 200.02

【物化性质】 白色粉末状结晶。溶于无机酸，不溶于乙醇、乙醚或水。

【用途】 用于制钼酸。

【制法】 由氧化钙和钼矿共熔而得。

【安全性】 急性毒性。

【参考生产企业】 湖北巨胜科技有限公司，济南佳鑫化工有限公司，郑州鸿马化工有限公司等。

J 减缩剂

一、术语

减缩剂（shringkage reducing admixture）

二、定义

减缩剂是能够减小混凝土收缩的外加剂。

三、简介

减缩剂是近些年来出现的一种用以减小混凝土收缩的外加剂，在混凝土中加入减缩剂，能够显著降低混凝土的干燥收缩和自收缩，减轻或者延后混凝土结构的开裂。

减缩剂的作用机理是降低水泥混凝土中空隙溶液的表面张力，从而减小毛细孔失水时产生的收缩应力。此外，减缩剂能够增大混凝土中空隙水的黏度，增大了水在凝结体中的吸附作用，从而减小混凝土的干燥收缩。

减缩剂的主要成分是聚醚、聚醇及其衍生物。

其通用的化学表示式为

$$R_1O(AO)_nR_2$$

式中，R_1 为 H 或者 C_3～C_5 的烷基；A 为 C_2～C_5 的烷氧基或 C_5～C_8 的烯基；n 为聚合度，范围为 1～80。

表 10-1　减缩剂的物理性能

序号	主要成分	外观	相对密度	黏度/(mPa·s)	表面张力/(mN/m)	溶解性	掺量/%
1	低级醇亚烷基环氧化合物	无色透明液体	0.98	16	41.9	易溶	4
2	低级醇亚烷基环氧化合物	青色透明液体	1.00	20	29.6	易溶	2.5
3	聚醚	无色或淡色液体	1.02	100±20	39.5	易溶	2～6
4	聚醇	淡黄色液体	1.04	50	33.5	难溶	1～4

J001 二丙二醇

【产品名】 二丙二醇（CAS号：110-98-5；25265-71-8）

【别名】 一缩二丙二醇

【英文名】 1,1-dipropyleneglycol；2,2′-dihydroxydipropyl ether；DPG

【结构式或组成】

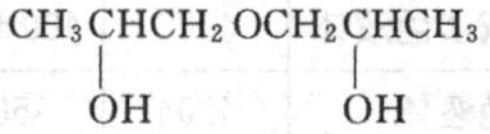

【物化性质】 无色、无臭，略成黏胶状液体，有吸湿性。熔点－40℃，沸点233℃，相对密度1.0252（20℃），闪点137℃（开杯），折射率1.439。与水、甲醇、乙醚混溶。

【质量标准】 含量≥99.5%。

【用途】 可以用作混凝土减缩剂，还可用作硝酸纤维素、虫胶、醋酸纤维素的溶剂，也用于制增塑剂、熏蒸剂、合成洗涤剂等。

【制法】 由环氧丙烷与1，2-丙二醇缩合而得。将1，2-丙二醇与环氧乙烷在85%的硫酸作用下进行缩合反应。反应液用氢氧化钠溶液中和，经过滤、减压蒸馏，再在常压下精馏，收集229～233℃馏分即得二丙二醇。原料消耗定额：丙二醇1300kg/t、环氧乙烷1500kg/t、硫酸（85%）100kg/t、烧碱（95%）100kg/t。

【安全性】 微毒。口服LD_{50}为14.8g/kg（大鼠），皮试LD_{50}＞5g/kg（兔子）。严禁与氧化剂等混装混运，储存于阴凉、通风的库房，远离火种、热源，应与氧化剂分开存放，切忌混储。

【参考生产企业】 天津科密欧化学试剂开发中心。

J002 三乙二醇单甲醚

【产品名】 三乙二醇单甲醚（CAS号：112-35-6）

【别名】 三乙二醇甲醚；2-[2-(2-甲氧基乙氧基)乙氧基]-乙醇；三甘醇甲醚

【英文名】 triethylene glycol monomethyl；triethylene glycol methylether；2-(2-(2-methoxyethoxy)ethoxy)ethanol；methoxy triglycol

【结构式或组成】 $CH_2—O—CH_2CH_2—O—CH_2CH_2—O—CH_2CH_2—OH$

【物化性质】 液体，相对密度1.026，沸点122℃，折射率1.439，闪点118℃。

【质量标准】 三乙二醇单甲醚质量指标见表10-2。

表10-2 三乙二醇单甲醚质量指标

检测项目		检测指标
外观		无色透明液体
含量(质量分数)/%	≥	99.0
色度(Pt-Co)	≤	20
水分(质量分数)/%	≤	0.2
过氧化物(以 H_2O_2 计)/%	≤	0.005
酸度(以HAC计)%	≤	0.02

【用途】 主要用于生产涂料、油墨、清洁剂、染色剂、刹车液。

【制法】 环氧乙烷和甲醇在催化剂作用下反应生成。

【安全性】 应与氧化剂分开存放，切忌混储。不宜久存。配备相应品种和数量的消防器材。储区应备有泄漏应急处理设备和合适的收容材料。

镀锌铁桶包装，200kg/桶。储存于阴凉、通风的库房，远离火种、热源，防止阳光直射，保持容器密封。

【参考生产企业】 上海将来实业有限公司，成都华夏化学试剂有限公司等。

J003 正丁醇

【产品名】 正丁醇（CAS号：71-36-3）

【别名】 1-丁醇；丙原醇；丁醇

【英文名】 n-butanol；n-butylalchol；1-butanol

【结构式或组成】 $CH_3CH_2CH_2CH_2OH$

【物化性质】 无色液体，有酒味。相对密度0.8109，沸点117.7℃，熔点－90.2℃，折射率1.3993，闪点35～35.5℃，自燃点365℃。20℃时在水中的溶解度7.7%（质量分数），水在正丁醇中的溶解度20.1%（质量分数）。与乙醇、乙醚及其他多种有机溶剂混溶。蒸气与空气形成爆炸性混合物，爆炸极限1.45%～11.25%（体积分数）。

【质量标准】 GB/T 6027—1998《工业正丁醇》。见表10-3。

【用途】 主要用于制造邻苯二甲酸、脂肪族二元酸及磷酸的正定酯类增塑剂，它们广泛用于各种塑料和橡胶制品中；也是有机合成中制丁醛、丁酸、丁胺和乳酸丁酯等的原料；还是油脂、药物和香料的萃取剂，醇酸树脂涂料的添加剂

表 10-3 质量标准

指标名称		优等品	一等品	合格品
色度/(Hazen 单位,铂-钴号)	≤	10		15
密度/(g/m^3)		0.809～0.811		0.808～0.812
沸程(0℃,101.325kPa)(包括 117.7℃)/℃		1.0	2.0	3.0
正丁醇含量/%	≥	99.5	99.0	98.0
硫酸显色试验/(铂-钴号)	≤	20	40	
酸度(以乙酸计)/%	≤	0.003	0.005	0.01
水分/%	≤	0.1		0.2
蒸发残渣/%	≤	0.003	0.005	0.01

等；又可用作有机染料和印刷油墨的溶剂，脱蜡剂；也可用作混凝土减缩剂。

【制法】

① 乙醛缩合法。乙醛经醇醛缩合成丁醇醛，脱水生成丁烯醛，再经加氢后得正丁醇。其反应方程式为：

$$2CH_3CHO \longrightarrow CH_3CH(OH)CH_2CHO \longrightarrow CH_3CH{=}CHCHO \longrightarrow \text{本品}$$

② 羰基合成法。焦炭造气得一氧化碳和氢气，与丙烯在高压及有钴系或铑系催化剂存在下进行羰基合成得正、异丁醛，加氢后分馏得正丁醇。

③ 发酵法。将粮食、谷物、山芋干或糖蜜等原料经粉碎、加水制成发酵液，以高压蒸汽处理灭菌后冷却，接入纯丙酮-丁醇菌种，于 36～37℃下发酵。发酵时生成气体含二氧化碳和氢气。发酵液中含乙醇、丁醇、丙酮，通常比例为 6∶3∶1，精馏后可分别得到丁醇、丙酮和乙醇等，也可不经分离作总溶剂直接使用。

【安全性】 毒性大体与乙醇相同，但刺激性强，有使人难忍的恶臭。工作场所空气中最高容许浓度 300mg/m³。车间应加强通风，设备应密闭。

用铁桶包装，每桶 160kg 或 200kg。应储存在干燥、通风的仓库中，温度保持在 35℃以下，仓库内防火、防爆。装卸和运输时，防止猛烈撞击，并防止日晒、雨淋。按易燃化学品规定储运。

【参考生产企业】 北京化学工业集团公司北京化工四厂，吉林化学工业股份有限公司化肥厂，唐山市冀东溶剂厂，沈阳化学试剂厂，北京化工厂等。

J004 异丁醇

【产品名】 异丁醇（CAS 号：78-83-1）

【别名】 2-甲基-1-丙醇

【英文名】 isobutyl alcohol；isobutanol；2-methyl-1-pro-panol

【结构式或组成】 $(CH_3)_2CHCH_2OH$

【物化性质】 无色透明液体。有特殊气味。溶于约二十倍的水，与乙醇和乙醚混溶。相对密度 0.806，熔点 −108℃，沸点 108.1℃，闪点（开杯）27.5℃，折射率 1.3976，自燃点 426.7℃。蒸气与空气形成爆炸性混合物，爆炸下限 1.68%（体积分数）。

【质量标准】 HG/T 3270—2002《工业用异丁醇》。异丁醇质量指标见表 10-4。

表 10-4 异丁醇质量指标

项目		优等品	合格品
色度/(Hazen 单位,铂-钴号)	≤	10	20
密度/(g/m³)		0.801～0.803	
正丁醇含量/%	≥	99.3	99.0
酸度(以乙酸计)/%	≤	0.003	0.005
水分/%	≤	0.004	0.008
蒸发残渣/%	≤	0.15	0.30

【用途】 有机合成原料。可以用来制造石油添加剂、抗氧剂、2,6-二叔丁基对甲酚、醋酸异丁酯（涂料溶剂）、增塑剂、合成橡胶、人造麝香、果子精油和合成药物等，也可用来提纯锶、钡和锂等盐类化学试剂以及用作高级溶剂，可以用作混凝土减缩剂。

【制法】

① 羰基合成法（丙烯制丁醇时的副产品）。以丙烯与合成气为原料，经羰基合成得正、异丁醛，脱催化剂后，加氢成正、异丁醇，经脱水分离，分别得成品正、异丁醇。参见 J003 正丁醇。

② 异丁醛加氢法。异丁醛在镍的催化下，进行液相加氢反应，制得异丁醇。

③ 从生产甲醇厂副产品的异丁机油中回收。合成甲醇精馏的副产物——异丁基油，经脱甲醇、盐析脱水，再经共沸精馏，得异丁醇。

【安全性】 与正丁醇相似。大鼠经口 LD_{50} 为 2460mg/kg，4h 吸入 MLC0.8%。空气中最高容许浓度 100×10^{-6}。

用镀锌铁桶包装，每桶 150kg。应存放在干燥、通风的仓库中，防止日晒、雨淋。按易燃化学品规定储运。

【参考生产企业】 北京化学工业集团公司北京化工四厂，吉林化学工业股份有限公司，大庆隆信化工有限公司，天津凯通化学试剂有限公司，宜兴市化学试剂厂等。

J005 聚氧乙烯类

【产品名】 聚氧乙烯类减缩剂

【别名】 脂肪醇聚氧乙烯醚（AE）；聚氧乙烯脂肪醇醚

【英文名】 primary alcobol ethoxylate

【结构式或组成】 $RO(CH_2CH_2O)_nH$（n 是聚合度）

【物化性质】 本品是最重要的一类非离子表面活性剂，分子中的醚键不易被酸、碱破坏，所以稳定性较高，水溶性较好，耐电解质，易于生物降解，泡沫小。具有极好的乳化、分散和渗透性能。

【质量标准】 聚氧乙烯类减缩剂质量指标见表 10-5

表 10-5 聚氧乙烯类减缩剂质量指标

商品名	Aeon	
化学组成	天然脂肪醇与环氧乙烷加成物	
活性物含量 ≥	99%	
项目	AEO3(MOA3)	AEO9
外观	无色透明液体或白色膏状体	
色号 ≤	50	50
水分/% ≤	1.0	1.0
pH 值	5.5～8.0	5.5～7.0
平均分子质量	300～330	575～605

【用途】 本品可用作乳化剂、渗透剂等，作为非离子表面活性剂有乳化、发泡、去污作用，还可以用作混凝土减缩剂。

【制法】 用氢氧化钠作催化剂，长链脂肪醇在无水和无氧气存在的情况下与环氧乙烷发生开环聚合反应，就生成脂肪醇聚氧乙烯醚非离子表面活性剂。

【安全性】 本品储存于阴凉、通风、干燥处，按一般化学品运输。

【参考生产企业】 科莱恩化工中国有限公司。

K 加气剂

一、术语

加气剂（gas forming admixture）

二、定义

混凝土制备过程中因发生物理化学反应，放出气体，使硬化混凝土中有大量均匀分布气孔的外加剂。

三、简介

用物理方法在新拌混凝土中形成稳定气泡的外加剂称为发泡剂或泡沫剂。在搅拌过程中用发泡剂形成大量密集气泡且稳定在混凝土中，制成的混凝土为泡沫混凝土。

通过化学反应产生气体，且气泡稳定地分布在混凝土中的物质都可以作为加气剂使用。使用经验最多、应用最广泛的加气剂是鳞片状铝粉。这是因为铝粉具有产气量大、放气速率适中、运输储存容易和使用简单的优点。铝粉加气剂适用于生产加气混凝土、密孔轻质混凝土和预埋填料混凝土的灌浆料。

除了铝粉之外，镁粉、锌粉、铝合金、硅铁合金、双氧水、碳化钙等都可以作为加气剂使用。

K001 铝粉

【产品名】 铝粉（CAS 号：7429-90-5）

【别名】 银粉

【英文名】 aluminum powder

【结构式或组成】 Al

【物化性质】 铝为银灰色的金属，原子量 26.98，相对密度 2.55，纯度 99.5%的铝熔点 685℃，沸点 2065℃，熔化吸热 323kJ/g，一般粒度越细，颜色越深，活性铝越少。铝有还原性，极易氧化，在氧化过程中放热，急剧氧化时放热 15.5kJ/g。铝是延展性金属，易加工。金属铝表面的氧化膜透明，且有很好的化学稳定性。外观有银白色到银灰色和黑灰色两种。质地轻、浮力高、遮盖力强，反射光和热性能好。

【质量标准】 工业铝粉主要质量指标见表 11-1（GB 2082—1989）。

表 11-1 工业铝粉主要质量指标

牌号	粒度分布		化学成分/%				
	筛网孔径/μm	筛网孔径/% ≤	Al ≥	杂质 ≤			
				Fe	Si	Cu	H_2O
FLG1	+2500	0.3	98	0.5	0.5	0.1	0.2
FLG2	+1000	0.3					
FLG3	+500	0.3					
FLG4	+160	0.3					

【用途】 铝粉用于油漆、油墨工业、用作金属焊接、有机合成工业的催化剂，冶炼工业的还原剂和去氧剂，也用作多孔混凝土的发泡剂。铝粉在焰火药剂中作发光剂和还原剂，并用于制造曳光弹。

【制法】 由纯铝熔融雾化而成；或将纯铝薄片和小量润滑剂经捣击压碎成极细鳞状粉末，再经抛光而成。

【安全性】 铝粉为易燃固体，危规编号 41503。铝粉遇湿易燃，具有刺激性，大量粉尘遇潮湿、水蒸气能自燃。与氧化剂混合能形成爆炸性混合物。与氟、氯等接触会发生剧烈的化学反应。与酸类或与强碱接触也能产生氢气，引起燃烧爆炸。粉体与空气可形成爆炸性混合物，当达到一定浓度时，遇火星会发生爆炸。长期吸入可致铝尘肺，表现为消瘦、极易疲劳、呼吸困难、咳嗽、咳痰等。溅入眼内，角膜色素沉着，晶体膜改变及玻璃体混浊。对鼻、口、性器官黏膜有刺激性，甚至发生溃疡，可引起痤疮、湿疹、皮炎。

【参考生产企业】 山东信发金属粉末有限公司，辛集市广源金属粉业有限公司，丹阳市光阳铝银粉厂等。

K002 双氧水

【产品名】 双氧水（CAS号：7722-84-1）

【别名】 过氧化氢；二氧化氢

【英文名】 hydrogen peroxide；perhydrol

【结构式或组成】

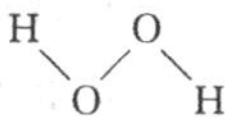

【物化性质】 过氧化氢的纯品是无色透明的油状液体。相对密度1.438，熔点0.89℃，沸点151.4℃。能与水、乙醇、乙醚以任何比例混合。市场出售的商品一般是30%和3%的水溶液。浓度可达到90%以上。具有较强的氧化性和腐蚀性。其液体如溅在皮肤上，皮肤很快呈白色并有灼伤感。其气体则能刺激眼睛和肺部。遇过量碱性物质和氧化性物质会引起剧烈的分解，并放出热能与氧气甚至爆炸。过氧化氢在碱性溶液中具有还原作用。过氧化氢对有机物有很强的氧化作用，一般作为氧化剂使用。

【质量标准】 GB/T 1616—2014《工业过氧化氢》。过氧化氢质量指标见表11-2。

表11-2 过氧化氢质量指标

项目		指标					
		27.5%		30%	35%	50%	70%
		优等品	合格品				
过氧化氢质量分数/%	≥	27.5	27.5	30.0	35.0	50.0	70.0
游离酸(以 H_2SO_4 计)质量分数/%	≤	0.040	0.050	0.040	0.040	0.040	0.050
不挥发物的质量分数/%	≤	0.080	0.10	0.080	0.080	0.080	0.12
稳定度/%	≥	97.0	90.0	97.0	97.0	97.0	97.0
总碳(以C计)质量分数/%	≤	0.030	0.040	0.025	0.025	0.035	0.050
硝酸盐(以 NO_3^-)质量分数/%	≤	0.020	0.020	0.020	0.020	0.025	0.030

注：过氧化氢的质量分数游离酸、不挥发物、稳定度为强制性指标。

【用途】 过氧化氢可用于纺织工业中棉、麻、毛织品，纸张，藤制品的漂白剂；用于有机和无机过氧化物的生产；也可作氧化剂，医药上的消毒剂、脱氧剂；并可作制造火箭的燃料；还可制泡沫橡胶、泡沫塑料、微孔发泡物质以及用于电镀工业去除无机杂质和化学试剂等。

【制法】 过氧化氢是用硫酸、氧化钡或硫酸盐等作用而成的。其生产方法一般采用蒽醌法和过硫酸钾电解法。

蒽醌法：将 2-乙基蒽醌经氢化再经氧化而制得过氧化氢。

过硫酸钾电解法：将硫酸氢铵溶液送入电解槽，经电解氧化而成过硫酸铵溶液。将电解液送至蒸馏工段，再经分馏、浓缩而制得成品过氧化氢。硫酸氢铵溶液经精制后循环使用。

【安全性】 爆炸性强氧化剂。过氧化氢自身不燃，但能与可燃物反应放出大量热量和气体而引起着火爆炸。过氧化氢在 pH 值为 3.5～4.5 时最稳定，在碱性溶液中极易分解，在遇强光，特别是短波射线照射时也能发生分解。当加热到 100℃以上时，开始急剧分解。它与许多有机物如糖、淀粉、醇类、石油产品等形成爆炸性混合物，在撞击、受热或电火花作用下能发生爆炸。过氧化氢与许多无机化合物或杂质接触后会迅速分解而导致爆炸，放出大量的热量、氧和水蒸气。大多数重金属（如铜、银、铅、汞、锌、钴、镍、铬、锰等）及其氧化物和盐类都是活性催化剂，尘土、香烟灰、炭粉、铁锈等也能加速分解。浓度超过 74%的过氧化氢，在具有适当的点火源或温度的密闭容器中，会产生气相爆炸。

【参考生产企业】 江西昌九昌昱化工有限公司，南京马圣帝君贸易有限公司，天津政成化学制品有限公司等。

K003 过氧化钠

【产品名】 过氧化钠（CAS 号：1313-60-6）

【别名】 过氧化碱；二氧化钠

【英文名】 sodium peroxide；sodium dioxide；sodium superoxide

【结构式或组成】

$$Na^+[:\ddot{\underset{..}{O}}:\ddot{\underset{..}{O}}:]^{2-}Na^+$$

【物化性质】 过氧化钠为无机氧化剂，它是一种淡黄色颗粒和粉末，易吸潮，溶于乙醇、水和酸，难溶于碱，不溶于乙醇。密度 2.805g/cm³，熔点 460℃，沸点 657℃。其水合物有 $Na_2O_2 \cdot 2H_2O$ 和 $Na_2O_2 \cdot 8H_2O$ 两种。极易潮解，与湿空气接触则分解成过氧化氢而失效。溶解于水中生成氢氧化钠及氧并放出大量的热。与乙醇、有机物、易燃物品及有机酸类接触会引起燃烧和爆炸。过氧化钠还能氧化一些金属。例如，熔融的过氧化钠能把铁氧化成高铁酸根；能将一些不溶于酸的矿石共熔使矿石分解。在碱性环境中，过氧化钠可以把化合物中+3 价的砷（As）氧化成+5 价，把+3 价的铬（Cr）氧化成+6 价。利用这个反应可以将某些岩石矿物中的+3 价铬除去。还可以在一般条件下将有机物氧化成乙醇和碳酸盐，也可以与硫化物和氯化物发生剧烈反应。

【质量标准】 过氧化钠质量指标见表 11-3。

表 11-3　过氧化钠质量指标

项目	分析纯(AR)	化学纯(CP)
含量(Na_2O_2)/%	≥99.0	99.0
氯化物(Cl^-)/%	≤0.002	0.004
铁(Fe)/%	≤0.003	0.006
重金属(以 Pb 计)/%	≤0.002	0.004
硫酸盐(SO_4^{2-})/%	≤0.001	0.002
氮化合物(N)/%	≤0.0005	0.001
磷酸盐(PO_4^{3-})/%	≤0.0005	0.001

【用途】 用于制过氧化氢，并用作氧化剂、去臭剂、漂白剂、消毒剂及杀菌剂等。

【制法】 将金属钠加热到 300℃后，通入不含二氧化碳的干燥空气，而制得成品过氧化钠。

【安全性】 过氧化钠具有强氧化性，在熔融状态时遇到棉花、炭粉、铝粉等还原性物质会发生爆炸。因此存放时应注意安全，不能与易燃物接触。它易吸潮，有强腐蚀性，会引起烧伤。

【参考生产企业】 浙江江山市双氧水有限公司，沈阳瑞丰精细化学品有限公司，青岛世纪星化学试剂有限公司等。

K004 镁粉

【产品名】 镁粉（CAS 号：7439-95-4）

【英文名】 magnesium powder

【结构式或组成】 Mg

【物化性质】 熔点 651℃，沸点 1107℃，与水起反应，闪点 500℃，相对密度 1.74。

【质量标准】 工业镁粉主要质量指标见表 11-4（GB 5149.1—2004《镁粉第 1 部分：铣削镁粉》）。

表 11-4　工业镁粉主要质量指标

牌号	筛网孔径/μm	粒度分布/%　≤
FM-1	+500	0.3
	+450	2
	−250	8
FM-2	+450	0.3
	+315	8
	−180	12
FM-3	+450	0.3
	+315	8
	−140	12
FM-4	+250	0.3
	+180	6
	−100	12
FM-5	+160	0.3

【用途】 用作多孔混凝土的发泡剂。

【制法】 雾化球形镁粉是指将镁锭高温熔化后，采用离心雾化技术在惰性气体保护下，经过各种工序加工制成的球形雾化粉末。其具有活性镁含量高、球形率好、松装密度大、流动性好、比表面积小等优点，能广泛应用于国防工业、石油化工、航天航空、新型功能材料、医药、烟花、食品等许多高科技研究领域，具有传统的机械铣削法镁粉无可比拟的优势。

【安全性】 镁粉与铝粉一样，受潮会产生自燃、自爆。当每升空气中含镁粉 10～25mg 时，遇到火源就会爆炸。温度超过 40℃时能加速其分解而自燃。

【参考生产企业】 营口恒龙耐火材料有限公司，大石桥市弘凯耐火材料有限公司，新乡县京华镁业公司等。

K005 锌粉

【产品名】 锌粉（CAS 号：7440-66-6）

【别名】 亚铅粉

【英文名】 zinc powder; zinc dust

【结构式或组成】 Zn

【物化性质】 熔点 419.53℃，沸点 907℃，与水起反应，闪点 500℃，相对密度 7.14g/cm^3。深灰色的粉末状的金属锌，可作颜料，遮盖力极强。具有很好的防锈及耐大气侵蚀的作用。锌在空气中很难燃烧，在氧气中发出强烈白光。

【质量标准】 工业锌粉主要质量指标见表 11-5（GB/T 6890—2012《锌粉》）。

表 11-5 工业锌粉主要质量指标

牌号	粒径/μm	粒度分布/%
F_{Zn-1}	<45	99.8
	<10	80
F_{Zn-2}	+120 目	0
	+100 目	0.1
	+325 目	3.0
F_{Zn-3}	+120 目	1.0
	+100 目	—
	+325 目	—
F_{Zn-4}	+120 目	1.0
	+100 目	—
	+325 目	—

【用途】 用作多孔混凝土的引气剂，制造防锈漆。

【制法】 空气雾化法制取锌粉是先将锌锭、电解析出的锌或处理铸锌浮渣所得锌粒在电炉或火焰炉中熔化。熔化后的锌液流入一保温的石墨容器中，保持温度约 823K。石墨容器底部开有 2～3mm 的孔，锌液在恒压下呈细流状流出，在距锌细流垂直方向 120～150mm 处安置喷嘴，以 0.49～0.59MPa 的压缩空气喷吹，锌液细流便雾化成锌粉，然后用袋式收尘器收集，过筛分级。

虹吸吹锌粉法是改进了的空气雾化法，锌液借特制喷嘴从直径 10mm 的石英虹吸管中吸出并强行雾化冷凝为锌粉。虹吸吹锌粉法的生产能力较空气雾化法高一倍，风量消耗减少一半，锌粉质量也有所提高。

水力雾化法制取锌粉是使熔融锌经石墨容器的底部孔流入高压

(19.6MPa) 的雾化水流中而被粉化的过程。雾化器由多个喷头组成，锌液流量为 60kg/min，水与锌的体积流量比为 4/1。锌粉浆经分级后，以浆状用作置换剂。

【安全性】 危险性类别：第 4.3 类；编号：43014。

侵入途径：吸入、食入、经皮吸收。

健康危害：吸入锌在高温下形成的氧化锌烟雾可致金属烟雾热，症状有口中金属味、口渴、胸部紧束感、干咳、头痛、头晕、高热、寒战等。粉尘对眼有刺激性。口服刺激胃肠道。长期反复接触对皮肤有刺激性。

环境危害：具有燃爆危险，本品遇湿易燃，具有刺激性。具有强还原性。与水、酸类或碱金属氢氧化物接触能放出易燃的氢气。与氧化剂、硫黄反应会引起燃烧或爆炸。粉末与空气能形成爆炸性混合物，易被明火点燃引起爆炸，潮湿粉尘在空气中易自行发热燃烧。

有害燃烧产物：氧化锌。

灭火方法：采用干粉、干砂灭火，禁止用水和泡沫灭火。

【运输与储存】 储存于阴凉、干燥、通风良好的库房。远离火种、热源。库温不超过 25℃，相对湿度不超过 75%。包装密封。应与氧化剂、酸类、碱类、胺类、氯代烃等分开存放，切忌混储。采用防爆型照明、通风设施。禁止使用易产生火花的机械设备和工具。储区应备有合适的材料收容泄漏物。

【参考生产企业】 石家庄新日锌业有限公司，江苏科成有色金属新材料有限公司，成都核八五七新材料有限公司等。

参考文献

[1] 王子明，王亚丽. 混凝土高效减水剂. 北京：化学工业出版社，2011.

[2] 田培，刘加平，王玲等. 混凝土外加剂手册. 北京：化学工业出版社，2009.

[3] 冯浩. 混凝土外加剂应用手册. 第 2 版. 北京：中国建筑工业出版社，2005.

[4] 陈建奎. 混凝土外加剂的原理与应用. 北京：中国计划出版社，1997.

[5] 熊大玉，王小虹. 混凝土外加剂. 北京：化学工业出版社，2002.

[6] 王子明. 聚羧酸系高性能减水剂——制备、性能与应用. 北京：中国建筑工业出版社，2009.

[7] 张云理，卞葆芝. 混凝土外加剂产品及应用手册. 北京：中国铁道出版社，1994.

[8] 石人俊. 混凝土外加剂性能及应用. 北京：中国铁道出版社，1985.

[9] 王延吉. 化工产品手册——有机化工原料. 第 4 版. 北京：化学工业出版社，2003.

[10] 司徒杰生，王光建，张登高. 化工产品手册——无机化工产品. 第 4 版. 北京：化学工业出版社，2003.

[11] 赵晨阳. 有机化工原料手册. 北京：化学工业出版社，2013.

[12] 宁延生. 无机盐工艺学. 北京：化学工业出版社，2013.

[13] 施慧生，孙振平，邓凯. 混凝土外加剂使用技术大全. 北京：中国建材工业出版社，2008.

[14] Spiratos N，pagé M，Mailvaganam N P. Superplasticizers for Concrete-Fundamentals，Technology and Practice. Quebec：Marquis，2003.

产品名称中文索引

G

H

J

K

L

M

N

P

Q

R

S

T

W

X

Y

Z

产品名称英文索引

A

B

C

D

E

F

G

H

I

K

L

M

N

S